Die Elemente
der
geometrischen
Aehnlichkeits-
und
Vergleichungs-Lehre,
nebst
einer systematischen Anlage der Elemente
der Formbildung.

Zum Gebrauch für den Unterricht in der reinen
Geometrie in den obern Gymnasial-Klassen,

von

Dr. Ludwig Martin Lauber,

Professor und Direktor des Königlichen Gymnasiums zu Thorn.

Berlin.

Gedruckt und verlegt bei G. Reimer.

1842.

Vorrede.

Von dem Verfasser ist früher herausgegeben:

„Versuch einer rein wissenschaftli-
„chen Darstellung der Mathematik
„durch strenge Begründung derselben
„in ihren Prinzipien und Elementen
„(Berlin bei Reimer)" und zwar 1ster
Theil: „die allgemeinen Prinzipien
„der Größenlehre, nebst den Elemen-
„ten der Zahlenlehre (1834) — 2ter
„Theil: „die Elemente der Geome-
„trie (1835)."

Dieses Werk war nicht zu einem eigentlichen Lehrbuche bestimmt, da der Unterricht eine populäre, vom Besondern zum Allgemeinen fortschreitende, Darstellung so wie eine beschränkende Auswahl des Stoffes verlangt. Dieser Forderung glaubte der Verfasser auf die Basis seiner aufgestellten wissenschaftlichen Grundlage nachkommen zu müssen, und gab deshalb ein zweites Werk unter dem Titel:

> „Unterricht in der reinen Elementar-Mathematik ꝛc." und zwar 1ster Theil: „die Arithmetik und Algebra" (1836) 2ter Theil: „Vorschule der Geometrie" (1837) heraus.

Die Vorschule der Geometrie ist der Form und dem Inhalte nach für Quarta und Tertia bestimmt, während für die reine oder synthetische Geometrie in den obern Gymnasialklassen der Verfasser keine andere Form zu geben sich überwinden konnte, als die in seinen Elementen der Geometrie ꝛc., jedoch mit angemessener Beschränkung des darin enthaltenen Stoffes.

In den Elementen der reinen Geometrie sind es die Gesetze der Vergleichung der Formen und Größen, in denen die höchsten und allgemeinsten Principien der Größenlehre zur Anwendung kommen, und deren wissenschaftliche Begründung daher die schwierigsten Momente darbietet.

Bei dem Vortrage dieser Theorien sind nun dem Verfasser weitere Ansichten erwachsen, nach denen er, auf den von ihm gelegten Grund, eine weit bündigere, übersichtlichere und ungemein einfachere Darstellung des ganzen Systems als möglich erkannte und auch ausbildete, was namentlich von der Theorie der Aehnlichkeit gilt.

Die in dem Zusammenhange der Sätze und in der Form der Beweise gänzlich veränderte Darstellung dieser Theorien macht den Inhalt der vorliegenden Arbeit aus; sie umfaßt das System aller hierher gehörigen rein geometrischen Sätze und zwar für Konstruktionen in der Ebene und im Raume, in ausführlicher Behandlung, und eignet sich, nach des Verfassers Dafürhalten, zum Pensum des geometrischen Unterrichts in den obern Gymnasialklassen. Nur sind einzelne hierher gehörige Satz-Kategorien, namentlich die Aufgaben über Theilung und Verwandlung als nichts Neues und Schwieriges darbietend, nicht ausführlich mit aufgenommen worden, da auch überhaupt nicht Alles, und am wenigsten das Leichtere und Spezielle, den Schülern in die Hände gegeben zu werden braucht; aus demselben Grunde sind auch die Beweise kurz gefaßt, ja sogar ist hin und wieder auf Manches, als schon bekannt, hingewiesen werden; überhaupt wünscht der Verfasser hier nicht die Haupttendenz verkannt zu sehen: durch eine, für den Lehrgebrauch abgefaßte Arbeit, die Benutzung der formal bildenden Kraft der Mathematik in ihren bedeutendsten wissenschaftlichen Momenten zu empfehlen.

Was nun des Verfassers eigene Ansicht über seine hier versuchten Leistungen ist, will er unverhohlen aussprechen. Er erklärt somit, auf die Gefahr hin, sich das größte Mißfallen vieler achtungswerthen Verfasser mathematischer Lehrbücher zuzuziehen, daß die ihm bekannt gewordenen Darstellungsweisen der Theorie der Aehnlichkeit im Princip logisch fehlerhaft sind. Die am häufigsten vorkommende Definition ist wörtlich, oder dem Sinne nach: Figuren sind ähnlich, wenn ihre Winkel gleich und die Seiten proportionirt sind" deren logische Fehlerhaftigkeit offenbar ist, denn sie enthält solche Merkmale, welche sich gegenseitig bedingen, (z. B. in einem △ sind schon die Seiten proportionirt, wenn nur Uebereinstimmung in den Winkeln vorhanden ist); gerade so, wie es bei der Definition der Fall sein würde: „ein Parallelogramm ist ein Viereck mit je gegenüberliegenden parallelen und gleichen Seiten." Andere Definitionen enthalten negative Merkmale, oder beschränken sich auf den Ausdruck „Uebereinstimmung in der Form" ohne den Begriff „Form" festgestellt zu haben.

Von der Richtigkeit und Schärfe der Definition hängt hier aber die Evidenz, Schärfe, Allgemeinheit und Bestimmtheit der ganzen Theorie ab, welche von jener nicht nur den Grund und die Festigkeit, sondern auch die wissenschaftliche Einfachheit und Würde und die symmetrisch durchgreifend verschlungene Gliederung der Theile erhält. Ueber mathematische Begriffsbestimmungen hat der Verfasser folgende Ansicht: es muß bei der Aufstellung eines Einzelnbegriffs gezeigt werden, daß, und wie derselbe in dem allgemeinsten, in den nothwendigen Beziehungen der Vorstellungen liegenden befaßt sei; ferner muß jeder Begriff ganz allgemein sein, für alle in demselben begriffenen Vorstellungsformen passen; seine Merkmale müssen positiv sein, und die Realität derselben entweder für sich eingeräumt werden, oder vorher nachgewiesen sein und nur mathematische Prädikate enthalten; aus dem aufgestellten Begriffe endlich müssen sich die allgemeinsten Principien der ganzen Theorie in logischer Einheit entwickeln lassen.

Daß diese Forderungen gerecht seien, und daß in der vorliegenden Behandlung der Theorie der mathematischen Aehnlichkeit denselben zu genügen gesucht worden, befürchtet der Verfasser nicht in Abrede gestellt zu sehen; wie ihm aber im Wesentlichen die Lösung seiner Aufgabe gelungen sei, darüber erwartet er, im Interesse der Wissenschaft, daß ein einsichtiges und unbefangenes Urtheil sich aussprechen werde — wobei er noch Gelegenheit nimmt zu bemerken, daß über seine „Elemente der Geometrie," in welchen die hier gegebenen Hauptprinzipien aufgestellt sind, ihm, zu seinem wahren Bedauern, kein öffentliches Urtheil vor Augen gekommen ist, wiewohl ihm über seine „Allgemeine Prinzipien" mehrere bekannt geworden sind.

Was den dritten und vierten Abschnitt der vorliegenden Arbeit: „die Vergleichungsgesetze der zusammengesetzten Formen und die Correlationen zwischen zusammengesetzten und stetigen Formen" — betrifft, räumt der Verfasser ein, daß die von ihm aufgestellten Prinzipien, worauf die Hauptgesetze jener Theorien sich fundiren, nicht diejenige mathematische Evidenz haben, wie sie z. B. der Beweis des Pythagorischen Lehrsatzes hat; indeß bemerkt er, daß es wohl Niemanden geben werde, der nicht nach den bereits vergeblich gemachten Versuchen zugestehen sollte, daß die Förderung des Fundamentalsatzes von der Gleichheit körperlicher Formen bis zur absoluten Evidenz unmöglich sei, wie denn in der That alle Versuche, den Satz der Gleichheit zweier Prismen von gleichen Grundflächen und Höhen evident zu beweisen, nur das ausrichteten, die Schwächen und Mängel der Deduktion in einem complizirten Gewebe von Sätzen zu vertheilen und dadurch zu verstecken — und daß gleichermaßen ferner die evidente Zurückführung des Krummen auf das Gerade und Ebene zu den transcendent-metaphysischen Lösungen gehört: so daß daher in beiden Fällen alles Mögliche gethan ist, wenn man ein einfaches Prinzip angiebt, an welches, als ein höchstes — weil die Speculation es weiter zu begründen nicht vermag — die weitere evidente Darlegung des Satz-Systems sich anschließt. Wenn bei complizirten Deduktionen an Begründung der Wahrheit nichts gewonnen wird, so ist es ja offenbar besser, dieselbe auf ihre eigenthümliche einfache Grundidee zurückzuführen, und aus dieser in einfacher Bündigkeit die weitern Folgesätze abzuleiten und für sich in völliger Evdenz darzustellen.

Der zweite Theil dieser Arbeit erhält als Anhang „eine systematische Anlage der Elemente der Formbildung" nämlich eine systematische Zusammenstellung aller Begriffsbestimmungen und Sätze der Elementar-Geometrie bis zu denjenigen Abschnitten, welche hier im ersten Theile vollständig behandelt sind. (Jedoch dürften in einzelnen Fällen manche Nebensätze, welche in den Hauptsätzen begründet sind, um die Uebersichtlichkeit derselben nicht zu unterbrechen, ausgelassen sein). Dieser Anhang hat zunächst zum Zwecke, eine Darstellung der ganzen Geometrie (als Ergänzung zum ersten Theile), in einem fortschreitenden organischen Entwickelungs-Gange zu geben; für den Lehrgebrauch aber kann dieser Riß in den obern Gymnasial-Klassen, bei der Repetition des schon vollendeten Kursus der Geometrie, dazu dienen, die Schüler, welchen bisher der Stoff der Geometrie in vereinzelten Theilen zugeführt worden, die in eben so vielen Absätzen die Aufmerksamkeit der Lernenden hinreichend für das Verständniß der Beweise in Anspruch genommen haben — nun zu einer übersichtlichen Erkennung des Zusammenhanges dieser Theile, und zur Auffassung desselben unter leitenden Ideen, zu führen.

Thorn, im Februar 1842.

Der Verfasser.

Erster Abschnitt.

Allgemeine Prinzipien der Form-Bestimmung und Vergleichung.

---

1. Erklärung.

Zusammengesetzte Formen heißen: geradlinig begrenzte Ebenen, und von geradlinig begrenzten Ebenen begrenzte Körper.

2. Erklärung.

Elemente einer zusammengesetzten Form sind: die sie begrenzenden graden Linien, die von denselben gebildeten Linien-Winkel, und die von den Ebenen der letzteren gebildeten Flächenwinkel.

3. Erklärung.

Eine stetige (Linien- oder Flächen-) Form ist, deren Punkte in Beziehung auf Punkte, welche dem Orte nach — oder auf Linien und Ebenen, welche der Lage nach gegeben sind, auf einerlei Weise örtlich bestimmt werden.

4. Erklärung.

Parameter einer stetigen Form sind die geraden begrenzten Linien, nach welchen ihre Ausdehnungen gemessen worden. Die Parameter und ihre Winkel sind die Elemente der stetigen Form.

5. Erklärung.

Bestimmungs-Elemente einer Fomr sind diejenigen ihrer Elemente, welche, wenn sie gesetzt werden, die Form selbst bestimmen (so daß alle gleichnamigen Formen, welche in diesen Elementen übereinstimmen, kongruent sind) und daher auch die Größe der übrigen Elemente bedingen.

6. Zusatz.

Aus den bekannten Sätzen von der Kongruenz folgt demnach:

1) Die Anzahl der Bestimmungs-Elemente eines geradlinigen n Ecks ist (2n—3), unter denen nicht mehr als (n—1) Winkel sein dürfen.

2) Das Bestimmungs-Element eines Kreises und einer Kugel ist der Halbmesser, als einziger Parameter.

3) Die Bestimmungs-Elemente eines Prismas und einer Pyramide sind: die Grundfläche, irgend eine Seitenkante, und sämmtliche nicht schon in der Grundfläche begriffenen Bestimmungs-Elemente derjenigen Ecke, welche zu den gegebenen Seitenkanten gehört.

4) Die Bestimmungs-Elemente eines Cylinders und Kegels sind: Halbmesser der Grundfläche, Achse und Neigungs-Winkel der Achse gegen die Grundfläche.

7. Erklärung.

Gleichnamige Formen haben einerlei Bildungs-Gesetz (Form im engern Sinne:), oder sind ähnlich (∼), wenn solche Gegenbeziehungen zwischen gleichnamigen Elementen derselben statt finden — oder auch — wenn ihre Konstruktionen so von einander, unmittelbar oder mittelbar, abhängig gemacht werden, daß die Formen kongruent werden, wenn sie in Einem linearischen Elemente übereinstimmen.

8. Lehrsatz.

Zwei Formen, welche einer und derselben dritten ähnlich sind, sind selbst ähnlich. (A∼B und A∼C: B∼C).

Beweis.

Denn die angenommene Konstruktions-Abhängigkeit ist von der Art, daß, wenn die Form A gesetzt ist, von welcher ein Element mit e bezeichnet werde, und man ein korrespondirendes Element in B und C ebenfalls gleich e nimmt, alsdann $B \cong A$ und $C \cong A$ wird, mithin auch $B \cong C$: es ist demnach *mittelbar* die Konstruktions-Abhängigkeit von B und C der Art, daß sie kongruent werden, wenn sie in Einem korrespondirenden Elemente übereinstimmen, das ist $B \sim C$.

9. Erklärung.

Man nenne *Parallelpolygone*, welche einen gemeinschaftlichen Winkel haben, dessen Schenkel sich längs einander erstrecken, und die übrigen Theile beider Perimeter, als *gebrochene Grundlinien betrachtet*, so liegen, daß die einzelnen Abschnitte dieser Grundlinien je 2 aus dem gemeinschaftlichen Scheitel gezogene Diagonale verbinden, und nach der Ordnung parallel sind.

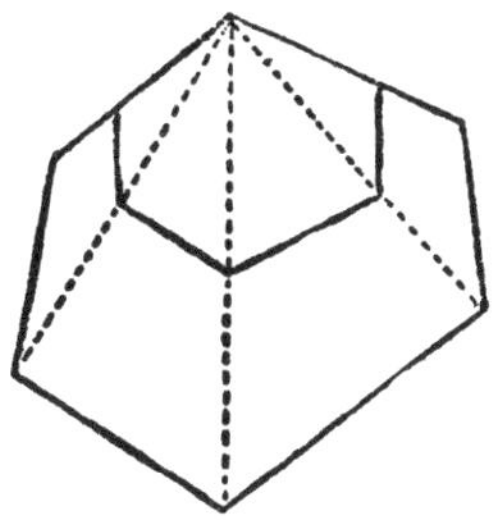

10. Lehrsatz.

Parallelpolygone sind ähnlich.

Beweis.

Denn wenn das äußere Polygon gesetzt wird, so ist die Konstruktion des innern durch die angenommenen Bestimmungen so bedingt, daß die Formen kongruent werden, wenn ein Schenkel des erstern gleich dem entsprechenden Schenkel des letztern angenommen wird, d. i. die Polygone sind ähnlich (Satz 7).

11. Zusatz.

Analog folgt:

1) *Sektoren und Bogen concentrischer Kreise zwischen denselben Halbmessern sind ähnlich.*

2) *Sektoren und Segmente concentrischer Kugeln, deren gemeinschaftlicher Achsen-Durchschnitt ähnliche Kreissektoren und Bogen giebt, sind ähnlich.*

3) *Von einer Pyramide und einem Kegel wird durch eine der Grundfläche parallel gelegte Ebene ein*

gleichnamiger ähnlicher Körper abgeschnitten; auch sind die homologen Begrenzungen dieser Körper ähnlich.

12. Lehrsatz.

Polygone, welche aus nach der Ordnung ähnlichen Dreiecken zusammengesetzt sind, sind ähnlich.

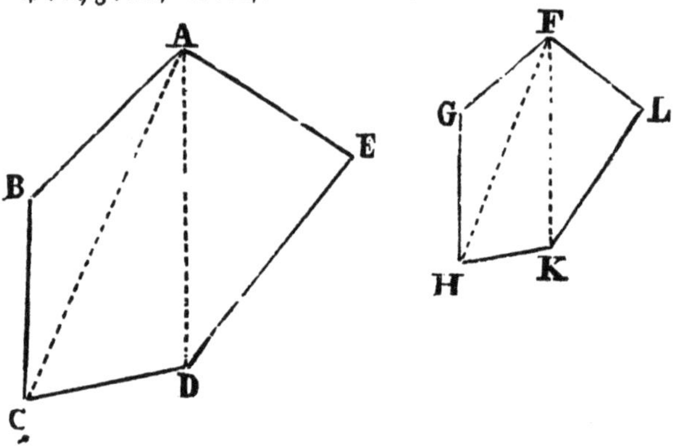

Beweis.

Denn da △FGH ∾ △ABC, so wird die Konstruktions-Abhängigkeit derselben der Art sein, daß sie kongruent werden, wenn FG = AB gesetzt wird; wenn aber △FGH ≌ △ABC, so ist auch FH = AC, und deshalb und vermöge der Annahme △FHK ∾ △ACD auch △FHK ≌ ACD und so fort für alle folgenden Dreiecks-Paare; so daß mithin Polygon ABCDE ≌ FGHKL: die Voraussetzung der Aehnlichkeit der Dreiecke bringt also die Polygone in eine solche Abhängigkeit, daß sie kongruent werden, wenn man bei ihnen ein einziges gemeinschaftliches linearisches Element FG = AB setzt, d. i. sie sind ähnlich (Satz 7.).

13. Lehrsatz.

Wenn Polygone ähnlich sind (P ∾ p), so lassen sich dieselben mittelst übereinstimmender Elemente (AB, ab) so in einander legen, daß sie Parallelpolygone werden.

Beweis.

Man nehme auf AB einen Abschnitt Ab = ab und konstruire

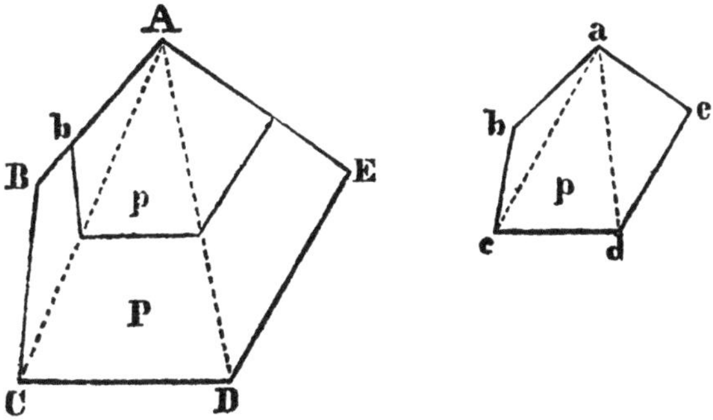

aus b zu P das Parallelpolygon p′, so ist P ∾ p′ (Satz 10) und da P ∾ p, so ist p′ ∾ p (Satz 8), und da Ab = ab, so p′ ≌ p: deckt aber p das Polygon p′, so wird p ein Parallelpolygon zu P̄.

14. Zusatz.

Aehnliche Vielecke stimmen nach der Ordnung in den Winkeln überein.

Denn man betrachte die Polygone in der Lage von Parallelpolygonen, so folgt die Uebereinstimmung in den Winkeln aus der Eigenschaft paralleler Linien.

15. Lehrsatz.

Aehnliche Polygone werden durch Diagonale aus den Scheiteln zweier übereinstimmender Winkel in, nach der Ordnung, ähnliche Dreiecke getheilt.

Beweis.

Denn (vor. Fig.) man bringe die Polygone p, P in die Lage von Parallelpolygonen, so sind die Theildreiecke von p nach der Ordnung denen von P ähnlich (Satz 10).

16. Lehrsatz.

Zusammengesetzte Formen überhaupt sind ähnlich, wenn die Seiten, welche unter ihren Bestimmungs=Elementen (Satz 5) vorkommen, proportionirt, und die Winkel unter diesen Elementen, in je übereinstimmender Lage gegen die proportionirten Seiten, gleich sind.

Beweis.

Denn seien die Seiten unter den Bestimmungs=Elementen der Formen a, b, c..., α, β, γ..., so ist $a : b : c \ldots = \alpha : \beta : \gamma \ldots$, wird nun $\alpha = a$, so ist auch $\beta = b$, $\gamma = c$ u. s. f., so daß die Formen alsdann (weil auch die Winkel unter den Bestimmungs=Elementen nach der Ordnung gleich angenommen wurden) in allen ihren Bestimmungs=Elementen nach der Ordnung übereinstimmen, und daher kongruent werden (Satz 5.). Die vorausgesetzten Beziehungen zwischen den Elementen der Formen sind also der Art, daß die Formen kongruent werden, wenn man bei denselben die Uebereinstimmung in einem einzigen linearischen Elemente $\alpha = a$ annimmt: die Formen sind also ähnlich (Satz 7.).

17. Folgerung.

Mittelst der bekannten Sätze von der Kongruenz ergeben sich sonach die Bedingungen der Aehnlichkeit der in den Elementen betrachteten einfachen geometrischen Formen wie folgt:

1) Zwei n Ecke sind ähnlich, a) wenn sie n Paare proportionirter Seiten haben und in (n—3) Winkeln übereinstimmen; b) wenn sie (n—1) Paare proportionirter S. S. haben und in (n—2) W. W. übereinstimmen; c) wenn sie (n—2) Paare proport. S. S. haben und in (n—1) W. W. übereinstimmen.

2) Alle gleichnamige reguläre Figuren sind ähnlich.

3) Zwei Dreiecke sind ähnlich, a) wenn sie 3 Paare proportionirter Seiten haben; b) wenn 2 Paare proportionirt sind, und der von ihnen eingeschlossene Winkel, oder die den größeren proportionirten Seiten gegenüberliegenden Winkel in beiden Dreiecken gleich sind; c) wenn sie in den Winkeln übereinstimmen.

4) Zwei Prismen, eben so zwei Pyramiden, sind ähnlich, wenn zwischen ihren Elementen solche Beziehungen statt finden, daß die Grundflächen ähnlich sind, eine Ecke des einen Körpers der gleichliegenden des andern gleich ist, und die aus den Winkelpunkten dieser beiden Ecken ausgehenden Seitenkanten sich wie ein Paar gleichliegende Grundkanten verhalten.

18. Lehrsatz.

Gleichnamige stetige Formen sind ähnlich, wenn ihre Parameter proportionirt sind.

Beweis.

Denn die Formen sind gleichnamig heißt: es findet bei denselben einerlei Ausdruck der Ortsbestimmung ihrer Punkte mittelst einerlei Anzahl Parameter statt. Diese seine a, b, c ... α, β, γ ...; wenn nun aber a : b : c ... = $\alpha : \beta : \gamma$ ..., so folgt aus a = α, daß auch b = β, c = γ u. s. f.; d. i. die Formen haben auch gleiche Parameter, und sind mithin kongruent; die Gegenbeziehungen der Formen sind demnach der Art, daß sie durch Uebereinstimmung in einem einzigen linearischen Elemente a = α kongruente werden, d. i. die Formen sind unter den angenommenen Voraussetzungen ähnlich (Satz 7.).

19. Folgerungen.

1) Stetige gleichnamige Formen, welche nur einen einzigen Parameter haben, sind an und für sich ähnlich; also alle Kreise, alle Kugeln (alle Parabeln).

2) Cylinder und Kegel sind ähnlich, wenn sich die Halbmesser der Grundflächen wie die Achsen verhalten und diese gegen die Grundflächen gleich geneigt sind.

Zweiter Abschnitt.

Proportionalitäten bei begrenzten Linien.

A. Proportionalitäten bei Parallel-Konstruktionen.

20. Lehrsatz.

Wenn man auf einem Schenkel eines Winkels, vom Scheitel an, gleiche Abschnitte nimmt, und die Theilpunkte durch parallele Linien mit dem andern Schenkel verbindet, so sind die Abschnitte derselben zwischen den Verbindungslinien gleich. (Hyp. AB=BC =CD; BE ⫲ CF ⫲ GD — Th. AE=EF=FG).

Beweis.

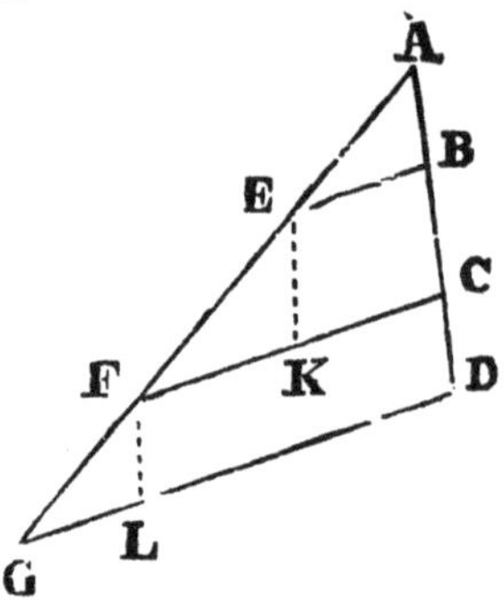

Denn seien EK und FL parallel zu AD gezogen, so ist AB= EK=FL; ferner sind die Winkel bei A, E und F und eben so bei B, K und L gleich, als Winkel mit parallelen Schenkeln, folglich sind die Dreiecke ABE, EKF und FLG kongruent, und zwar so, daß AE= EF=FG.

21. Lehrsatz.

Die Schenkel eines Winkels werden durch Parallele in proportionirte Abschnitte getheilt.

(Hyp. BD ⫲ CE; Th. AB : BC=AD : DE).

Beweis.

Anm.: Der hier in Anwendung kommende Satz der allgemeinen Prinzipien der Proportionslehre heißt: zwei gleichnamige Größen a, b sind mit zwei andern gleichnamigen c, d proportionirt, wenn entweder b und d Gleichvielfache der a und c oder ähnlich aliquoter Theile derselben sind — oder wenn von jeglichen ähnlich aliquoten Theilen α und γ der a und c, die Größen b und d nicht Verschiedenvielfache sind.

(Aus dieser Definition wird die ganze Proportionslehr abgeleitet.)

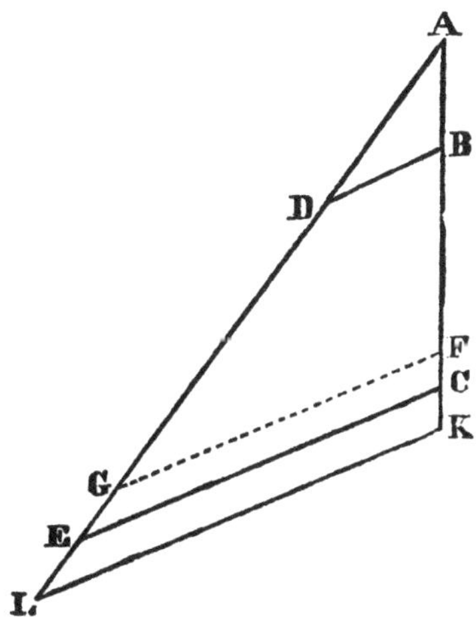

Sei 1. BC das n fache des mten Theils von AB; nimmt man nun auf BC und AB ihre n und m gleichen Abschnitte, und ziehet durch die Theilpunkte Parallelen der BD oder CE, so theilen diese (vor. Satz) die DE in n und die AD in m unter sich gleiche Abschnitte, so daß auch AD : DE = m : n und daher = AB : BC.

Sei 2. BF das n fache irgend eines mten Theils α von AB, aber FC kleiner als α, sondern FK $= \alpha$, so wird auch DG das n fache des mten Theils von AD, welcher gleich γ gesetzt werde, sein, und ziehet man KL ‖ FG, so wird, weil FK $= \alpha$ auch GL $= \gamma$ sein, und daher GE $< \gamma$: also ist DE kein größeres oder kleineres Vielfache von γ als BC von α; und da dieses von jedem mten Theile von AD und AB gilt, von welchen DE und BC nicht etwa Genauvielfache sind, so ist (Defin.) AD : DE = AB : BC.

22. Zusatz.

Die convergirenden Seiten eines Trapezes werden durch Parallele mit den Grundlinien in proportionirte Abschnitte getheilt.

Denn sei AK ⧺ BD, so ist AG = BF, GK = FD; nun ist AE : EC = AG : GK, mithin auch AE : EC = BF : FD.

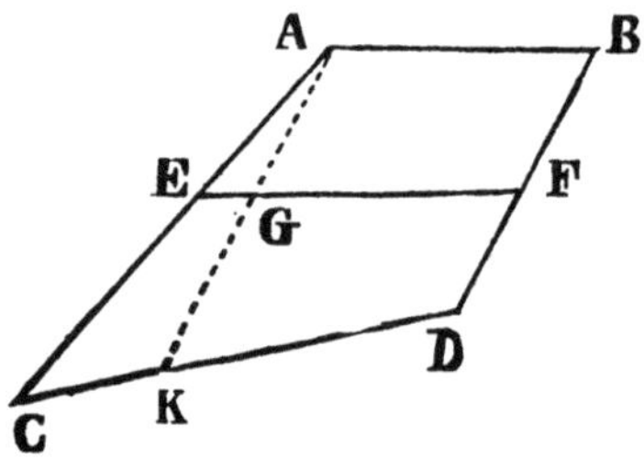

23. Lehrsatz.

Wenn man die Schenkel eines Winkels in proportionirte Abschnitte theilt und die Theilpunkte verbindet, so ist die Verbindungslinie der Basis parallel; ferner verhalten sich je 2 Seiten des Theildreiecks wie die homologen des Ganzen.

(Hyp. AD : DB = AE : EC; Th. DE ⧺ BC 2c.)

Beweis.

1) Es ist AE : EC = AD : DB; man leite aus dieser Proportion eine neue ab nach dem Satze (1+2) : (3+4) = 1 : 3, d. i. AC : AB = AE : AD. Die △△ ABC, ADE haben nun den Winkel A gemein, und die denselben einschließenden Seiten sind proportionirt, mithin △ABC ∾ △ADE (Satz 17, 3, b.), woraus dann folgt, daß sie in den homologen Winkeln übereinstimmen, (Satz 14), also D = B, d. h. DE ⧺ BC.

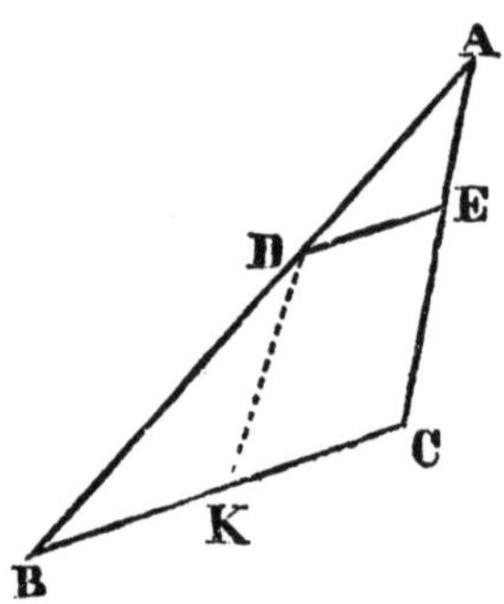

2) Es ist schon bewiesen, daß die den gemeinschaftlichen Winkel A einschließenden Seiten der beiden △△ proportionirt sind,

und es bleibt demnach nur noch die Proportionalität der Seiten zu beweisen, welche ein Paar homologe (gleiche) Winkel, z. B. D und B, einschließen.

Demnach sei $DK \parallel AC$, so ist (Satz 21.) $BK : KC = BD : DA$; man schließe $(1+2) : (3+4) = 2 : 4$, so ist $BC : BA = KC : DA$; aber $KC = DE$, folglich $BC : BA = DE : DA$.

24. Zusatz.

In dem eben bewiesenen Satze liegt auch folgender:

In Parallel-Dreiecken sind die homologen (gleichen Winkeln gegenüberliegende) Seiten proportionirt.

25. Lehrsatz.

In Parallel-Polygonen sind die homologen Seiten proportionirt.

Beweis.

Denn es ist $AB : BC = A\beta : \beta\gamma$ (vor. S.) ferner aber auch $BC : \beta\gamma = AC : A\gamma$ und $CD : \gamma\delta = AC : A\gamma$ mithin: $BC : CD = \beta\gamma : \gamma\delta$ und so fort in der Ordnung für alle folgende Seiten-Paare.

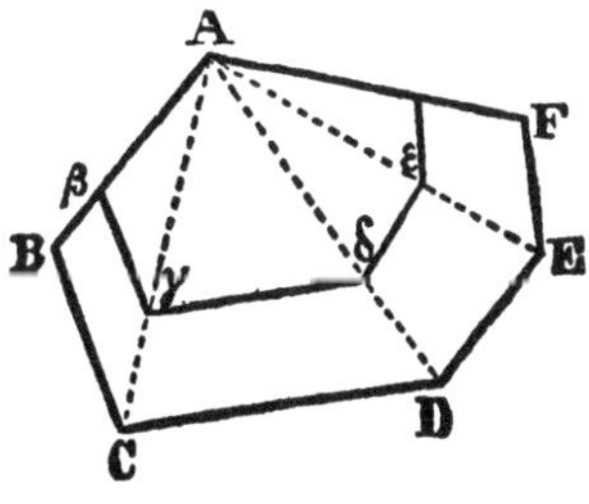

B. Proportionalitäten bei ähnlichen Vielecken.

26. Lehrsatz.

In ähnlichen Vielecken sind die homologen Seiten proportionirt; ferner verhalten sich ein Paar homologe Diagonalen, ein Paar homologe Höhen, und endlich die Umfänge der Vielecke, wie ein Paar homologe Seiten derselben.

Beweis.

1) Denn man lege die Vielecke mittelst übereinstimmender Elemente so auf einander, daß sie Parallel-Polygone werden (Satz 13.), so sind die Seiten nach der Ordnung proportionirt (Satz 25.).

2) Ferner bilden ein Paar homologe Diagonalen die Seiten zweier ähnlichen △△, mithin verhalten sich diese Diagonalen

wie die Grundlinien der $\triangle\triangle$, d. i. wie homologe Seiten der Vielecke.

3) Ein Paar homologe Höhen AM, DN sind zugleich Höhen

I.

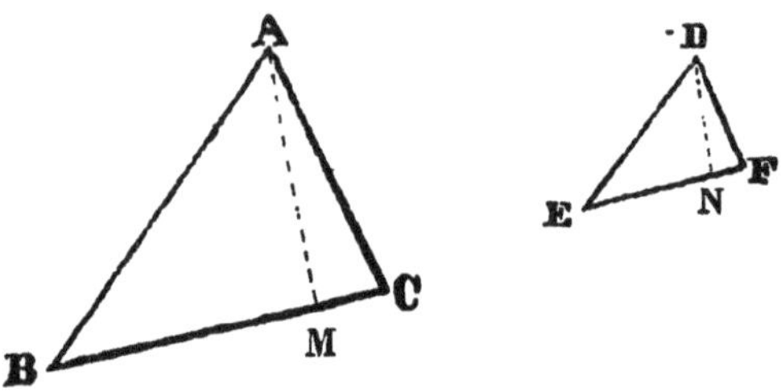

II.

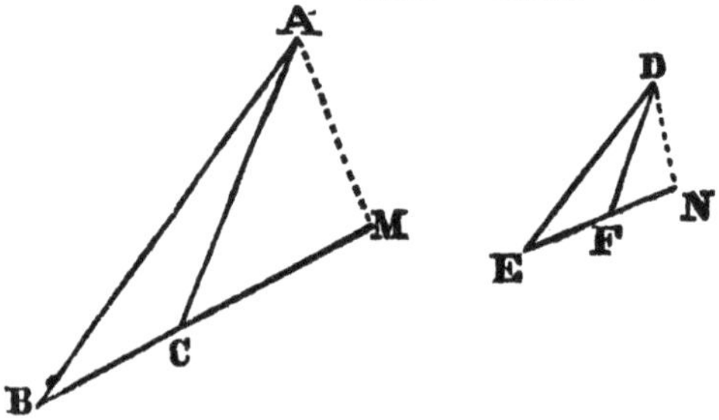

ähnlicher Theil-Dreiecke ABC, DEF (Fig. I und II), in beiden Fällen aber ist $\triangle AMC \sim \triangle DNF$ und daher

$$AM : DN = AC : DF, \text{ und}$$

$$\text{da } AC : DF = BC : EF, \text{ so auch}$$

$$AM : DN = BC : EF.$$

4) Endlich seien die Seiten der ähnlichen Polygone nach der Ordnung: a, b, c ...., α, β, γ ...., so ist

$$a : b : c \ldots. = \alpha : \beta : \gamma \ldots.$$

nun schließe man: die Summe der Vorderglieder einer Reihe gleicher Verhältnisse zur Summe der Hinterglieder, wie jedes Vorderglied zu seinem Hinterglied: so ist

$$(a+b+c\ldots.):(\alpha+\beta+\gamma\ldots.)=a:\alpha$$

d. i. die Perimeter wie ein Paar homologe Seiten.

C. Proportionalitäten durch Transversallinien in Dreiecken.

Anm. In den folgenden Sätzen ist der übereinstimmende Gang der Beweise folgender. Nachdem die Aehnlichkeit derjenigen Dreiecke, welche die als proportionirt angekündigten Elemente enthalten, nachgewiesen ist, setzt man zwei dieser Seiten, welche in Einem △ enthalten sind, als erstes und zweites Glied der Proportion an, und suche zu denselben die homologen Seiten in dem zweiten △ als drittes und viertes Glied auf.

27. Lehrsatz.

Die Senkrechte, vom Scheitel des rechten Winkels auf die Hypotenuse gefällt, ist die mittlere Proportionale zwischen den beiden Abschnitten der Hypotenuse; jede Kathete aber ist die mittlere Proportionale zwischen dem ihr anliegenden Abschnitte der Hypotenuse und der ganzen Hypotenuse.

Beweis.

Es ist ∠ ABC = ∠ D, weil beide von ∠ A zu einem Rech-

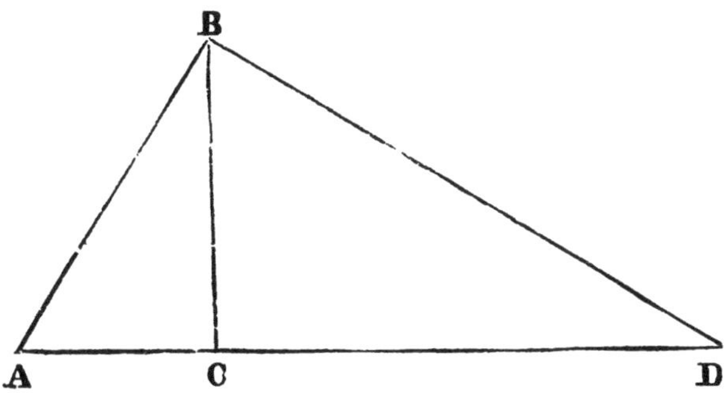

ten ergänzt werden; aus ähnlichem Grunde ist ∠ CBD = ∠ A, mithin sind die beiden Theil-Dreiecke unter sich und auch dem ganzen △ ähnlich.

Man betrachte ABC∾BCD und setze AC : BC, so ist das 3te Glied BC (nemlich in dem △ACD, weil das erste Glied AC im △ABC dem W. ABC gegenüberl., und BC im △BCD dem W. BDC = W. ABC) und in gleicher Art ist das vierte Glied der Proportion CD, also AC : BC = BC : CD.

Man betrachte nun △ABC ∾ △ABD und setze AC : AB, so ist das 3te Glied AB und das vierte AD, mithin AC : AB = AB : AD.

Auf gleiche Art würde aus der Betrachtung von △BCD ∾ ABD folgen DC : BD = BD : AD.

28. Lehrsatz.

Die Linie, welche einen Winkel eines Dreiecks halbirt, theilt verlängert die Basis in Abschnitte, welche sich wie die anliegenden Schenkel verhalten; und umgekehrt.

Beweis.

Erster Theil.

(Hyp. ∠ABE = ∠CBE; Th. AE : EC = AB : BC).

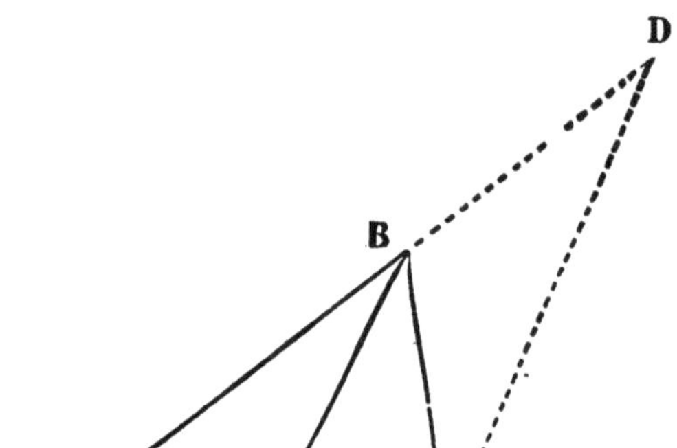

Man verlängere einen der Schenkel z. B. AB, über den Scheitel des Winkels, nehme auf der Verlängerung einen Abschnitt BD gleich dem andern Schenkel BC, und ziehe DC.

Es ist dann $\angle ABC = BCD + BDC = 2. \angle BDC$, mithin $\angle ABE = \angle BDC$, so daß BE ++ DC; alsdann ist aber

$$AE : EC = AB : BD \text{ (Satz 21)}$$

das ist $AE : EC = AB : BC$.

Zweiter Theil.

(Hyp. $AE : EC = AB : BC$; Th. $\angle ABE = \angle CBD$).

Nach Annahme, und weil $BC = BD$ ist

$$AE : EC = AB : BD$$

mithin BE ++ DC (Satz 23); alsdann ist aber $\angle ABE = \angle BDC$ und $\angle CBE = \angle BCD$, und da $\angle BDC = BCD$, so auch $\angle ABE = \angle CBE$.

D. Proportionalitäten bei Kreis-Konstruktionen.

28. Lehrsatz.

Eine Senkrechte auf einem Diameter bis zur Peripherie ist die mittlere Proportionale zwischen den beiden Abschnitten des Diameters; die Chorde ferner, welche den Treffpunkt der Peripherie mit einem Endpunkte des Diameters verbindet, ist die mittlere Proportionale zwischen dem ihr anliegenden Abschnitte des Diameters und dem ganzen Diameter.

Beweis.

Wenn man den Treffpunkt der Peripherie mit den beiden Endpunkten des Diameters verbindet, so entstehet ein rechter Winkel, und der Satz stimmt alsdann überein mit (Satz 27.).

30. Lehrsatz.

Zwei Chorden im Kreise durchschneiden sich nach dem umgekehrten Verhältnisse ihrer Abschnitte (d. h. es bilden die beiden Abschnitte jeder Chorde die mittlern oder äußern Glieder einer Proportion.)

Beweis.

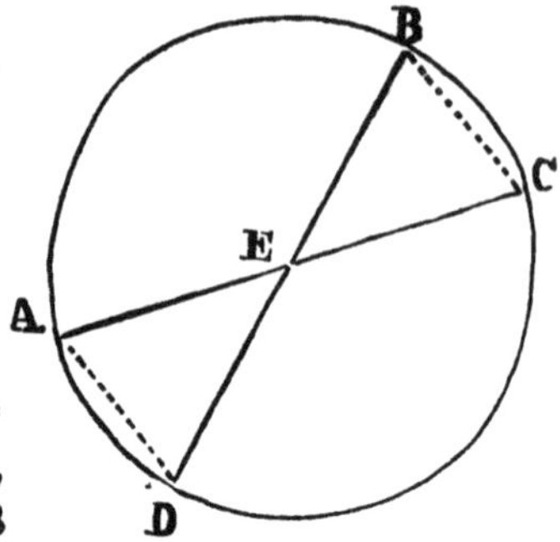

Man verbinde die Endpunkte der eine Chorde mit je einem Endpunkte der andern. Da ∠ A = ∠ B, und ∠ E = ∠ E, so ist △ AED ∾ △BEC (Satz 17, 3, c) und daher die homologen Seiten proportionirt; es seien nun als erstes und zweites Glied AE und ED gesetzt, so ist das dritte Glied EB (AE gegenüberl. ∠ D, EB gegenüberl. ∠ C = ∠ D) und das vierte ist EC, also AE : ED = EB : EC.

31. Lehrsatz.

Zwei Sekanten von einem Punkte außerhalb eines Kreises verhalten sich umgekehrt wie die äußern Abschnitte. (d. h. es bildet jede Sekante mit ihrem äußern Abschnitte die mittlern oder äußern Glieder einer Proportion.)

Beweis.

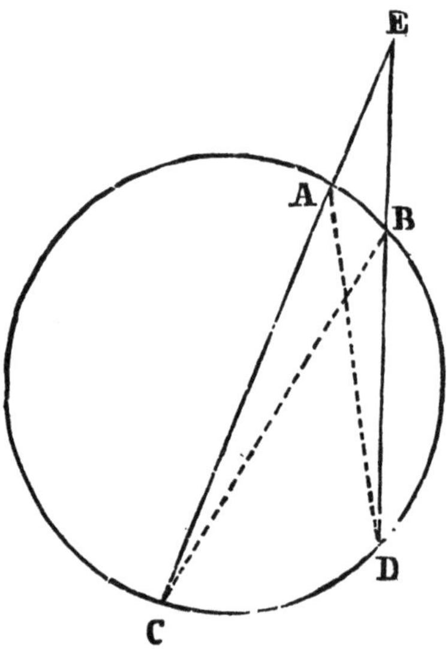

Man verbinde je einen äußern Treffpunkt der Peripherie mit einem innern. Da ∠ C = ∠ D und ∠ E = ∠ E, so ist ∠ CEB ∾ △ DAE (Satz 17, 3) u. daher die homologen Seiten proportionirt; nimmt man nun CE und EB als 1stes und 2tes Glied, so entsprechen denselben die Seiten ED und EA als 3tes und 4tes Glied, also CE : EB = ED : EA.

32. Lehrsatz

Wenn von einem Punkte außerhalb eines Kreises eine Tangente und eine Sekante ausgehen, so ist die Tangente die mittlere Proportionale zwischen der ganzen Sekante und dem äußern Abschnitte derselben (CE : EB = EB : EA).

Beweis.

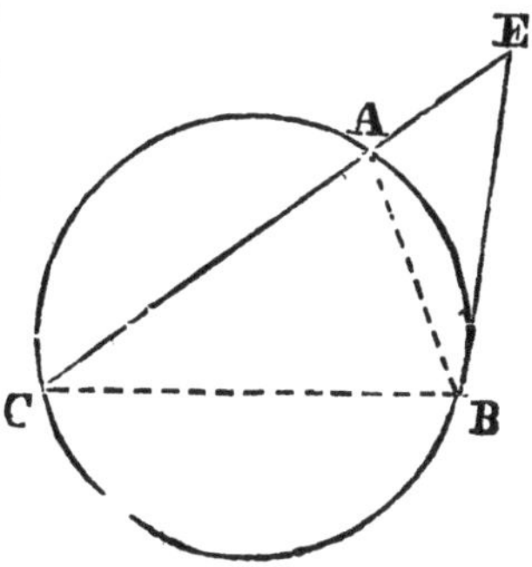

Man verbinde den Berührungspunkt mit den beiden Durchschnittspunkten der Sekante. Da ∠ EBA = ∠ ACB und ∠ E = ∠ E, so ist △ ABE ∾ ECB. und daher die homologen Seiten proportionirt; nimmt man nun EC und EB (im △ ECB) als 1stes und 2tes Glied, so ist das 3te Glied die Seite EB des △ EAB (EC gegenüberl. ∠ EBC und EB gegenüberl. ∠ EAB = ∠ EBC) und das 4te Glied ist EA (homolog EB im △ ECB), also EC : EB = EB : EA.

Anm. Diese 3 Sätze können unter folgendem Ausdrucke zusammengefaßt werden:

Wenn von einem Punkte in der Kreisfläche oder außerhalb derselben zwei Linien ausgehen und soweit verlängert werden, bis jede einzelne die Peripherie in 2 Punkten schneidet, oder bis die eine die Peripherie in 2 Punkten schneidet und die andere dieselbe berührt, so sind die Abschnitte dieser Linien von ihrem Durchschnittspunkte bis zu ihren Treffpunkten mit der Peripherie (der Berührungspunkt als ein zweimaliger Treffpunkt betrachtet) **so proportionirt, daß die Abschnitte der einen die mittlern und die Abschnitte der andern die äußern Glieder der Proportion bilden.**

33. Zusatz.

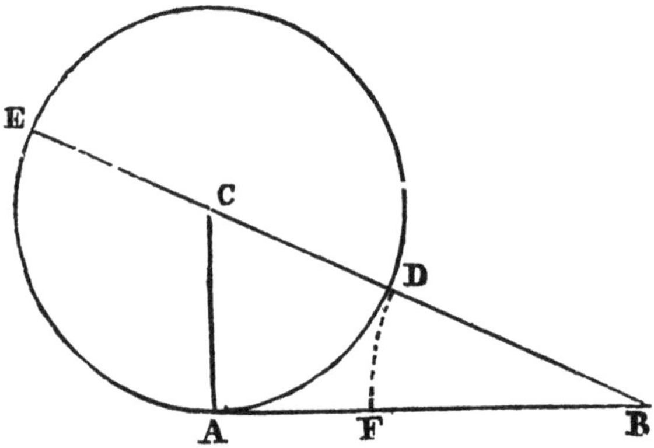

Wenn die Sekante BE durch den Mittelpunkt gehet, und die Tangente BA dem Durchmesser gleich ist, so ist folglich der Abschnitt DE der Sekante (weil DE = BA) die mittlere Proportionale zwischen der ganzen Sekante und dem äußern Abschnitte BD derselben, (und zwar ist DE der größere Abschnitt der Sekante, weil in der Proport. BE : DE = DE : BD das erste Glied größer als das zweite, also auch das 3te größer als das 4te).

34. Erklärung.

Eine Linie, welche so getheilt ist, daß sich die ganze zu dem größern Abschnitte, wie dieser zu dem kleineren verhält, heißt nach dem mittlern und äußern Verhältnisse getheilt.

35. Aufgabe.

Eine begrenzte Gerade BA (vor. Fig.) nach dem mittlern und äußern Verhältnisse zu theilen.

Auflösung.

Man errichte auf BA in dem einen Endpunkte eine Senkrechte, nehme auf derselben einen Abschnitt AC gleich der Hälfte von BA, beschreibe aus C mit CA einen Kreis und verbinde C mit B, welche Linie CB den Kreis schneiden wird, hier in D; es ist aber alsdann BD kleiner als BA, weil BC, d. i. (BD + DC) < (BA + AC) oder (BA + DC); nun nehme man man auf BA einen Abschnitt BF = BD: so ist F der Theilpunkt, und zwar ist BF der größere Abschnitt (BA : BF = BF : FA.

Beweis.

Man verlängere BD bis zur Peripherie in E, so ist (Satz 33).

BE : DE = DE : BD;

man schließe (1—2) : 2 = (3—4) : 4, so hat man:

(BE — DE) : DE = (DE — BD : BD

er ist aber (BE — DE) = BD, und (DE — BD) = (BA — BF) = FA, mithin

BD : DE = FA : BD;

man kehre nun jedes der beiden Verhältnisse um, und setze überall für BD die ihr gleiche BF, und eben so BA für DE, so ist

BA : BF = BF : FA.

E. Theilung der Kreislinie.

36. Lehrsatz.

Der größere Abschnitt des nach dem mittlern und äußern Verhältnisse getheilten Halbmessers eines Kreises bespannt als Chorde den zehnten Theil der Peripherie.

Beweis.

Es sei AB in D nach dem m. und a. V. getheilt, und zwar sei AD der größere Abschnitt, und BC = AD; man ziehe AC und DC.

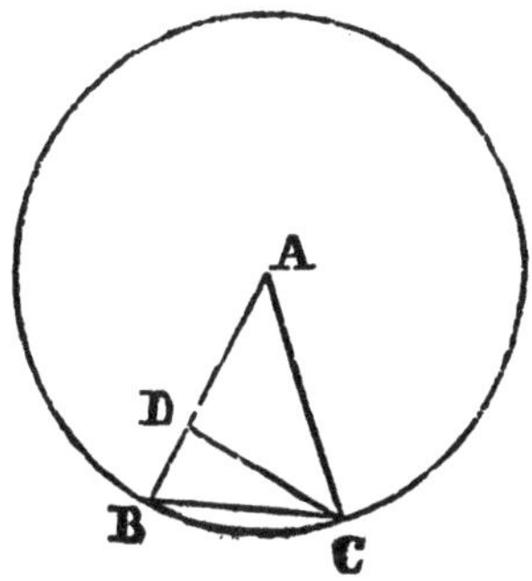

In den △△ ABC und DBC ist demnach ∠ B gemeinschaftlich und AB : BC = BC : BD (Hyp.) mithin sind diese Dreiecke ähnlich (Satz 17); hieraus folgt aber, daß die Winkel, welche homologen Seiten der Proportion gegenüber liegen, (und zwar dem 1sten Gliede AB und dem 3ten Gliede BC) gleich sind, d. i. ∠ACB = ∠CDB; nun ist ∠ACB = ∠ABC, mithin auch ∠CDB = ∠ABC, woraus dann folgt CB = CD, und auch CD = DA, weil CB = DA. Es sind mithin das ganze △CAB und die beiden Theil-Dreiecke desselben gleichschenklig, und zwar △ABC an BC, △ADB an AC und △DBC an DB.

Da sonach ∠DAC = ∠ADC, so ist der äußere Winkel BDC = 2A, daher auch ∠ABC = 2A und endlich auch ∠ACB = 2A, also (∠ABC + ∠ACB + ∠A) = 5A; da die Summe der drei ersten gleich 180°, so ist 5A = 180°, also ∠A = 36° und eben so groß ist der Bogen BC, d. i. sein Verhältniß zur Peripherie ist wie 36 : 360 = 1 : 5.

37. Zusatz.

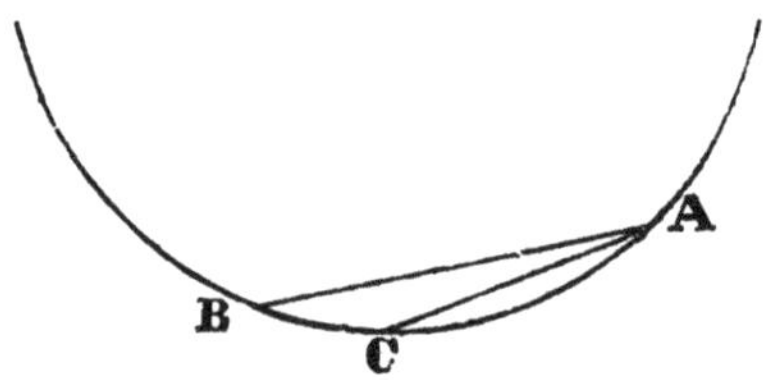

Wenn man daher von einem Punkte A der Peripherie aus eine Chorde AB, gleich dem Halbmesser, und eine Chorde AC, gleich dem größeren Abschnitte des nach d. m. u. äuß. Verhältnisse getheilten Halbm., nach derselben Richtung einträgt, so ist der Bogen BC zwischen den Endpunkten dieser Chorden gleich $\frac{1}{6}$ weniger $\frac{1}{10}$, das ist der **funfzehnte Theil** der Peripherie.

Anhang zu B und C.

38. Lehrsatz.

Die Halbmesser der um ähnliche Figuren oder in ähnlichen Figuren beschriebenen Kreise verhalten sich wie ein Paar homologe Seiten der Figuren.

Beweis.

Erster Theil. Es seien A, B, C und D, E, F homologe Stücke der Perimeter der ähnlichen Figuren, so daß AB homolog DE und BC homolog EF; man ziehe die homologen Diagonalen AC, DF, und verbinde die Endpunkte von BC, EF mit den Mittelpunkten.

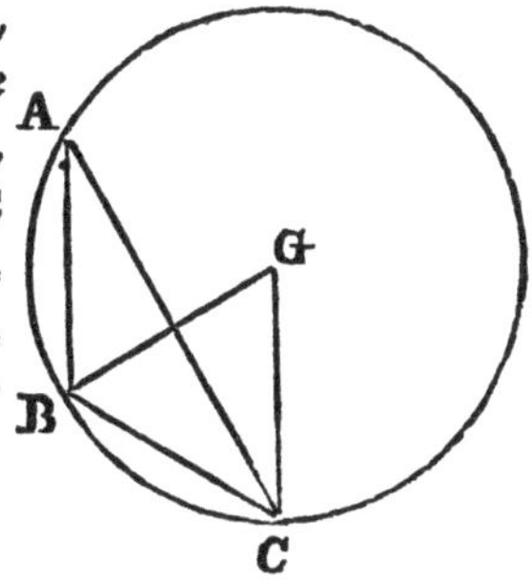

Es ist dann △ABC = △DEF (Satz 13) und mithin ∠A = ∠D; alsdann ist aber auch ∠G (= 2∠A) = ∠K (= 2∠D), und da ferner BG : GC = EK : KF (nämlich = 1 : 1): so ist △BGC ∾ △EKF (Satz 17), woraus dann folgt:

BG : EK = BC : EF.

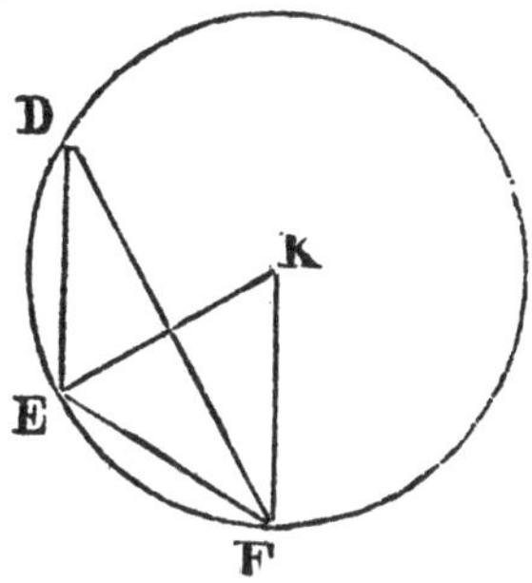

Zweiter Theil.

Es seien wieder CAFBE, KGIHM ähnliche Stücke der Perimeter; man verbinde die Mittelpunkte mit den Berührungspunkten.

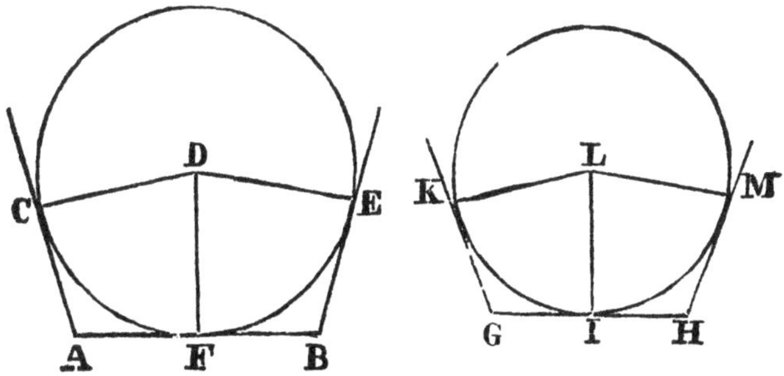

In den Vierecken CAFD und KGIL ist ∠A = ∠G als homologe W. W. ähnlicher Figuren, ferner ∠C = ∠K und

$\angle F = \angle I$ als Rechte, und endlich CD : DF = KL . LI (nämlich = 1 : 1); mithin sind die Vierecke ähnlich (Satz 17, 1, c), woraus dann folgt:

1) AF : GI = DF : LI.

Eben so folgert man aus der Betrachtung der Vierecke DEBF und LMHI daß

2) FB : IH = DF : LM.

Aus der Verbindung dieser beiden Proportionen folgt nun

AF : GI = FB : IH.

Nun schließe man (1 + 3) : (2 + 4) = 1 : 2 so ist

AB : GH = AF : GI,

d. i. nach Proportion 1)

DF : LI = AB : GH.

Anm. Dieser Satz ist ein einzelner Fall des allgemeinen (aber nur aus allgemeinen Principien herzuleitenden) Satzes: in ähnlichen Formen verhalten sich irgend zwei homolog konstruirte Linien wie zwei homologe Seiten.

39. Lehrsatz.

Je zwei von den Scheiteln eines Dreiecks nach den Mitten der gegenüberliegenden Seiten gezogene Linien durchschneiden sich, von der Grundlinie an gerechnet, nach dem Verhältnisse 1 : 2.

Beweis.

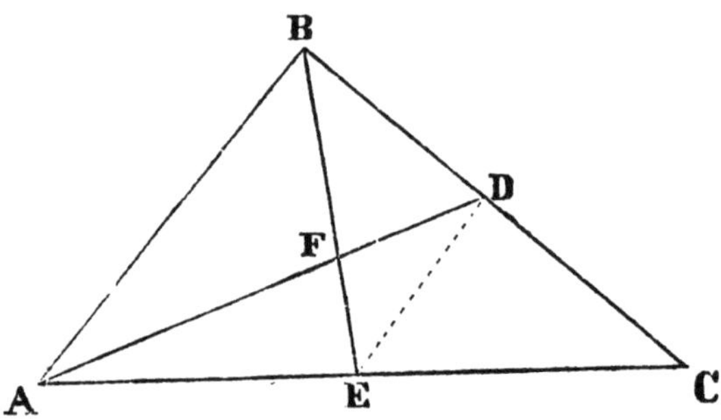

Es seien D und E, die Mitten von BC und AC, mit den gegenüberliegenden Scheiteln A und B verbunden; man ziehe DE.

1) Da CE : EA = CD : DB (nämlich = 1 : 1), so ist DE ⫲ BA (Satz 23) und daher DE : BA = CE : BA (Satz 13) d. i. = 1 : 2.

2) Weil aber DE ⫲ BA und daher ∠ FED = ∠ FBA, so ist △ FED ∾ △ FBA, woraus FE : ED = FB : BM, oder, die mittlern Glieder verwechselt, FE : FB = DE : BA d. i. nach (1) FE : FB = 1 : 2.

40. Lehrsatz.

Das Produkt der beiden Abschnitte einer Dreiecks-Seite, welche durch die Höhe auf derselben gebildet worden, ist gleich dem Produkte dieser Höhe in den Theil derselben von der Grundlinie an gerechnet, welcher von einer der beiden andern Höhen abgeschnitten wird.

Beweis.

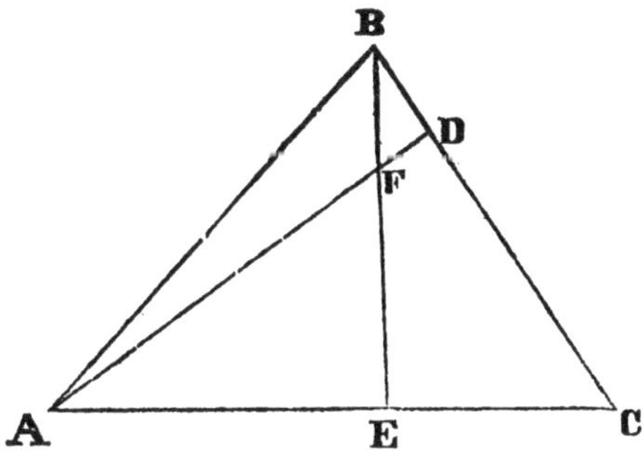

Es seien AD und BE Höhen. Aus der Betrachtung der △△ AFE, BFD folgt ∠ FAE = ∠ FBD; mithin auch △ AFE ∾ △ EBC (Satz 17). Setzt man nun die homologen Seiten in Proportion, so ist

AE : FE = BE : EC

und mithin AE × EC = BE × FE.

41. Lehrsatz.

Folgende übereinstimmend gezogene Transversalen eines Dreiecks durchschneiden sich in einem Punkte:

1) Die drei Linien, welche die Winkel halbiren.
2) Die drei Linien, welche die Scheitel mit den Mitten der gegenüberliegenden Seiten verbinden.
3) Die drei Höhen.

Beweis.

Erster Theil.

Denn der Mittelpunkt des in dem △ eingeschriebenen Kreises ist der Durchschnitt der Linie, welche irgend zwei Winkel halbiren, so daß der Durchschnittspunkt irgend einer solchen Linie zugleich der Durchschnittspunkt jeder derselben mit der dritten Linie ist.

Zweiter Theil.

Man ziehe irgend 2 Linien aus den Scheiteln bis zu den Mitten der gegenüberl. Seiten (Fig. von Lehrsatz 39), so ist EF : FB = 1 : 2; aber auch die aus C bis zur Mitte von BA gezogene Linie wird die BE nach demselben Verhältnisse theilen: sie muß mithin durch F gehen.

Driter Theil.

Erster Fall, für ein spitzwinkl. △.

Es seien irgend 2 Höhen AD, BE (Fig. des 40. Lehrs.) gezogen, so ist AE × EC = BE × FE; aber auch die Höhe aus C muß die BE so schneiden, daß das Produkt dieser ganzen Höhe in den Abschnitt derselben von E an gerechnet gleich sei dem Produkte AE × EC, mithin gleich sei dem Produkte BE × EF, also muß man denselben Abschnitt EF und mithin denselben Durchschnittspunkt F erhalten.

Zweiter Fall, für ein stumpfw. △.

Man verlängere die Schenkel AB, CB der stumpfen W. und fälle die Höhen CE, AD. Denkt man sich ED gezogen, so beträgt die Summe d beiden W. W. AED u. CDE mehr als 2 R.

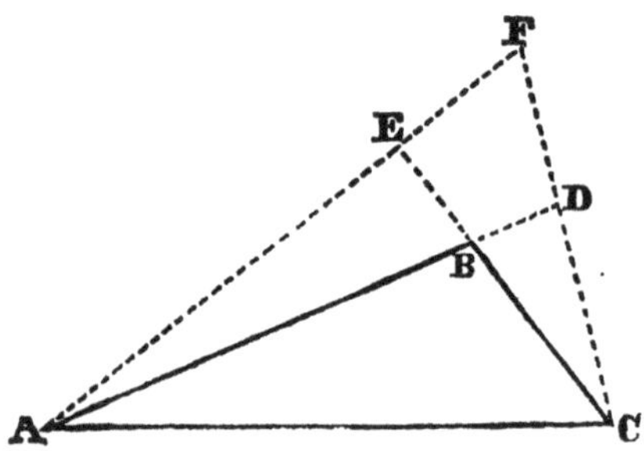

die Summe ihrer Nebenw. daher weniger als 2 R, so daß die Linien **AE** und **CD** nach dieser Seite zu convergiren. Man verlängere sie, bis sie sich schneiden: hier in **F**. Es ist nun aber das △FAC ein spitzwinkliges, und CE, AD sind 2 Höhen desselben, folglich wird die 3te Höhe aus F durch B gehen (erster Fall), und daher auch die 3te Höhe das △ ABC sein. Die 3 Höhen eines stumpfwinkligen △ durchschneiden sich mithin in ihrer Verlängerung in einem Punkte außerhalb des △.

Dritter Fall, für ein rechtwinkliges △.

Hier ist offenbar der Scheitel des rechten Winkels Durchschnittspunkt der 3 Höhen.

Dritter Abschnitt.

Vergleichungsbestimmungen bei zusammengesetzten Formen.

A. Allgemeine Bestimmungen und Prinzipien.

42. Erklärung.

Kongruente Formen haben einerlei Konstruktions-Bestimmungen.(einerlei Gestalt) und zugleich einerlei Ausdehnung.

43. Erklärung.

Formen, welche, ohne Rücksicht auf ihre Konstruktions-Bestimmungen, (Gestalt) einerlei Ausdehnung haben, heißen gleich.

44. Folgerungen.

1) Kongruente Formen, so wie solche, welche aus Kongruenten zusammengesetzt sind, sind gleich.

2) Da jede Ausdehnung nach beliebiger Theilung und Zusammensetzung der Theile dieselbe bleibt, so folgt: gleiche Größen können als auf Kongruente gebracht vorgestellt werden.

Anm. Aus diesem Satze folgen als sogenannte Axiome in Betreff gleicher und ungleicher Größen.

45. Erklärungen.

1) Es erstrecke sich eine Form zwischen einer Linie oder Fläche und einem Punkte außerhalb derselben, oder zwischen zwei parallelen

Linien, oder endlich zwischen zwischen zwei parallelen Flächen: so heißen diese Linien- oder Flächen-Begrenzungen **Grundlinien** oder **Grundflächen**, und der Grenzpunkt heißt **Scheitel**, die Entfernung der Grenzpunkte aber von der Grundlinie oder Grundfläche, so wie die Entfernung der beiden parallelen Grundlinien oder Grundflächen von einander heißt die **Höhe** der Form.

2) Ist nun die Seitenbegrenzung einer solchen Form von der Art, daß die mit der Grundlinie oder Grundfläche parallel gelegten und ihr ähnlichen Durchschnitts-Linien oder Flächen entweder sämmtlich gleich sind, oder in einer bestimmten Verhältnißabhängigkeit von ihren Entfernungen von der andern Grundbegrenzung stehen: so heißen **Höhe** und **Grundlinie** oder **Grundfläche** dieser Form die **Dimensionen** derselben im engern Sinne. (Im weitern Sinne nämlich ist Linie, Fläche und Körper eine Größe von Einer, von zwei, von drei Dimensionen).

46. Lehrsatz.

Die Dimensionen einer Form sind Bestimmungs-Elemente ihrer Ausdehnung.

Beweis.

Denn, wenn die Grund-Dimensionen gegeben sind, so ist durch dieselben: bei einer Form von 2 Dimensionen (im weitern Sinn) ihre Ausdehnung in der Länge, und bei einer Form von 3 Dimensionen, ihre Ausdehnung in der Länge und Breite für jeden Punkt der Höhe bestimmt, durch die Höhe selbst aber ist die noch fehlende Ausdehnung gegeben.

47. Folgerung.

Formen von gleichen Dimensionen sind gleich.

B. Vergleichsbestimmungen zusammengesetzter, ebener Formen.

48. Lehrsatz.

Parallelogramme und Dreiecke von gleichen Grundlinien und gleichen Höhen sind gleich.

Beweis.

Denn in Parallelogramme sind alle den Grundlinien parallele Durchschnittslinien gleich, in Dreiecken aber verhalten sich die der Basis parallelen Durchschnittslinien wie ihre Entfernungen vom Scheitel (Satz 26), mithin sind Grundlinie und Höhe Dimensionen dieser Formen (Satz 45, 2) und die Formen selbst sind gleich, wenn ihre Dimensionen respektiv gleich sind (Satz 47).

Anm. Da dieser Satz sich evident beweisen läßt, so wird durch denselben das Princip (Satz 47) bestätigt.

49. Zusatz.

Jedes Parallelogramm ist das Doppelte eines Dreiecks, welches mit ihm gleiche Grundlinie und gleiche Höhe hat.

50. Lehrsatz.

Parallelogramme und Dreiecke von gleichen Grundlinien verhalten sich wie ihre Höhen, und von gleichen Höhen wie ihre Grundlinien.

Beweis.

1) Es seien G, g die Grundlinien und H, h die Höhen der Parallelogramme A, B. Es sei H das m fache des n ten Theils von h; man theile H und h in ihre m und n gleiche Abschnitte, und ziehe durch die Theilpunkte Parallele zu den Grundlinien, so wird Parallelogramm A in m und Parallelogramm B in n sämmtlich gleiche Abschnitte getheilt (S. 48), so daß mithin $A:B = m:n = H:h$. In allen Fällen aber ist A kein größeres oder kleineres Vielfache von B oder einem aliquoten Theile von B als H von h oder einem ähnlichen aliquoten Theile von h, so daß überhaupt $A:B = H:h$. Eben so ist der Beweis für gleiche Höhen und verschiedene Grundlinien.

2) Man ergänze die Dreiecke zu Parallelogrammen, so sind diese die Doppelten der Dreiecke, stimmen aber mit denselben in Grundlinien und Höhen überein: wenn also die Parallelogramme sich wie ihre Höhen oder Grundlinien verhalten, so gilt dasselbe Verhältniß unter denselben Voraussetzungen von den Dreiecken.

(Zwei Größen sind ihren Gleichvielfachen oder ähnlich aliquoten Theilen proportionirt.

51. Lehrsatz.

Die Rechtecke unter je zwei gleichstelligen Gliedern proportionirter Linien $a:b=c:d$ und $\alpha:\beta=\gamma:\delta$ sind nach der Ordnung proportionirt.

Beweis.

1) Es ist $\square a\times\alpha:\square b:\alpha=a:b=c:d$ (S. 50).
eben so $\square c\times\gamma:\square d:\gamma=c:d=a:b$

folglich $\square a\times\alpha:\square b\times\alpha=\square c\times\gamma:d\times\gamma$.

2) Es ist $\square b\times\alpha:\square b\times\beta=\alpha:\beta=\gamma:\delta$
eben so $\square d\times\gamma:\square d\times\delta=\gamma:\delta=\alpha:\beta$

folglich $\square b\times\alpha:\square b\times\beta=d\times\gamma.\square d\times\delta$.

3) Aus den beiden letzten Proportionen in 1 und 2 folgt aber

$$\square a\times\alpha:\square b\times\beta=\square c\times\gamma:d\times\delta.$$

(Man kehre in 2 die Verhältnisse um, in der erhaltenen Proportion und in 1 verwechsle man dann die inneren Glieder, so hat man 2 gleiche Verhältnisse, als einem und demselben 3ten gleich; in dieser Proportion verwechs'le man dann endlich die innern Glieder, so erhält man die Proportion 3).

52. Lehrsatz.

Wenn Linien proportionirt sind, so sind auch die Quadrate auf denselben nach der Ordnung proportionirt, und umgekehrt. wenn Quadrate proportionirt sind, so sind auch die Seiten derselben nach der Ordnung proportionirt.

Beweis.

1) Denn man verbinde

$$a:b=c:d \text{ mit}$$
$$a:b=c:d$$

so ist $a^{\square}:b^{\square}=c^{\square}:d^{\square}$

2) Es ist $a^{\square} : b^{\square} = c^{\square} : d^{\square}$; nun sei $a : b = c : x$, so ist nach (1) $a^{\square} : b^{\square} = c^{\square} : x^{\square}$ und diese Proportion verglichen mit der angenommenen giebt $x^{\square} = d^{\square}$, und daher auch $x = d$ (denn Quadrate auf ungleichen Seiten sind ungleich) und also $a : b = c : d$.

53. Lehrsatz.

Die Rechtecke unter den äußeren und inneren Gliedern einer Proportion sind gleich.

Beweis.

Es ist $a : b = c : d$; man verbinde damit die Proportion

$$d : c = d : c$$

so ist

$$\square a \times d : \square b \times c = \square c \times d : \square c \times d.$$

folglich $\square a \times d = \square b \times c$.

54. Lehrsatz.

Die Flächen ähnlicher Figuren verhalten sich wie die Quadrate auf homologen Seiten derselben.

Beweis.

Erster Fall: Für Rechtecke ABCD, EFGH (Hypot. AB : AC = EF : EG).

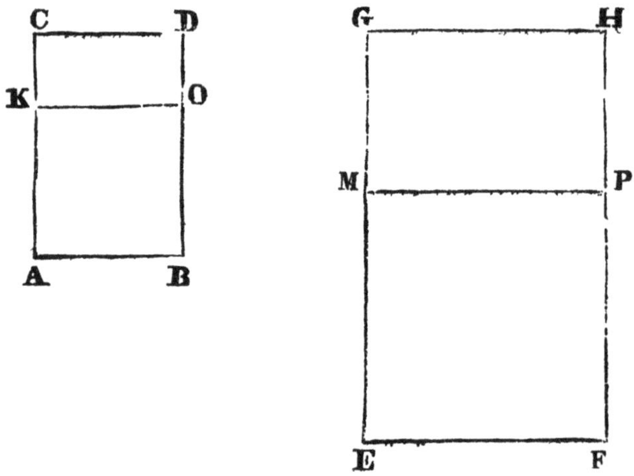

Man konstruire über die homologen Seiten AB, EF die Quadrate ABOK, EFPM (AO und EP).

Es ist AO : AD = AC : AK = AC : AB (Satz 50).

und EP : EH = EG : EM = EG : EF

aber AC . AB = EG : EF (Hyp.) mithin:

AO : AD = EP : EH, woraus dann

AO : EP = AD : EH, oder

AD : EH = AO : EP.

Zweiter Fall: für Dreiecke.

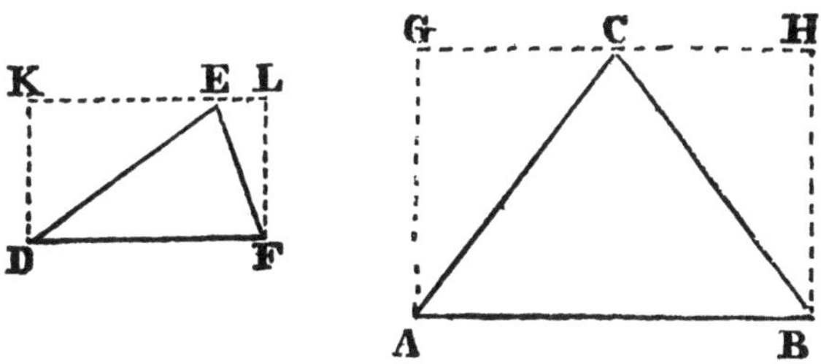

Man ergänze die △△ DEF, ACB zu Rechtecken DL, AH. Da die △△ ähnlich sind, so sind in denselben, und mithin auch in den Rechtecken, Grundlinien und Höhen proportionirt, folglich sind die Rechtecke ähnlich, und verhalten sich demnach wie die Quadrate über ihren Grundlinien, und eben so verhalten sich die Dreiecke, als Hälften der Rechtecke.

Dritter Fall: für Vielecke.

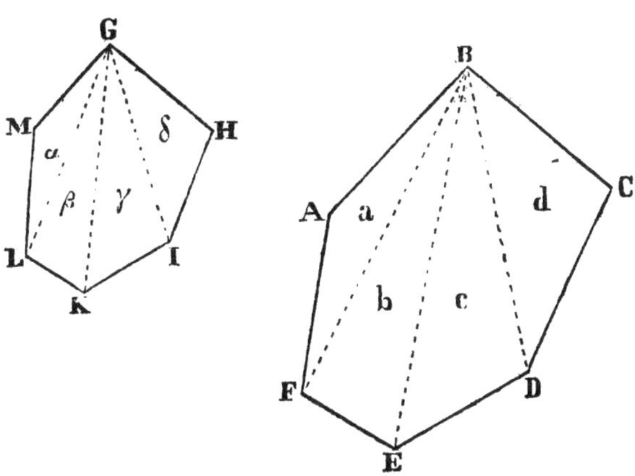

Man ziehe aus den Scheiteln gleicher Winkel G und B die Diagonalen, so sind die Dreiecke nach der Ordnung ähnlich.

Es ist daher $a : \alpha = BF^2 : GL^2$, aber auch

$$b : \beta = BF^2 : GL^2,$$

mithin $a : \alpha = b : \beta$.

Durch fortgesetzte Schlüsse folgt aber:

$$a : \alpha = b : \beta = c : \gamma = d : \delta.$$

Nun schließe man: die Summe der Vorderglieder zur Summe der Hinterglieder, wie jedes Vorderglied zu seinem Hintergliede, d. i.: $(a+b+c+d) : (\alpha+\beta+\gamma+\delta) = a : \alpha$;

aber $a : \alpha = GM^{\square} : AB^{\square}$, mithin

$$AB \ldots. F : MG \ldots. L = GM^{\square} : AB^{\square}.$$

55. Zusatz I.

Die der Grundfläche einer Pyramide parallelen Durchschnittsformen verhalten sich wie die Quadrate der Entfernungen der Durchschnitts-Ebenen von dem Scheitel der Pyramide.

Beweis.

Denn es sind diese Durchschnittsformen ABC, EFG ähnliche Polygone P, p, mithin $P : p = AB^{\square} : EF^{\square}$.

Da $\triangle ADB \sim \triangle EDF$, so ist

$$AB : EF = AD : DE,$$

mithin auch

$$AB^{\square} : EF^{\square} = AD^{\square} : DE^{\square}$$ (S. 52.)

folglich

$$P : p = AD^{\square} : DE \ (\odot).$$

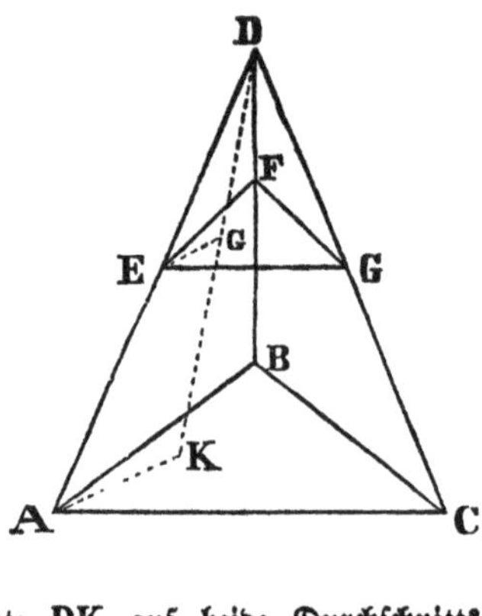

Man fälle nun die Senkrechte DK auf beide Durchschnitts-Ebenen, und verbinde die Treffpunkte G und K mit E und A.

Es sind EG und AK Durchschnitte der Ebene DAK mit den parallelen Ebenen P, p; folglich EG ⧺ AK und $\triangle DEG \sim \triangle DAK$. Hieraus aber folgt:

$$AD : DE = KD : DG$$ und daher auch
$$AD^{\square} : DE^{\square} = KD^{\square} : DG^{\square}.$$

Vergleicht man nun diese Proportion mit (⊙), so ist
$$P : p = KD^{\square} : DG^{\square}.$$

56. Zusatz II.

Aehnliche Vielecke, welche gleich sind, sind kongruent.

Beweis.

Denn es verhalten sich diese Formen wie Quadrate auf homologen Seiten derselben; da nun diese Formen gleich sind, so sind auch die Quadrate gleich, und daher auch ihre Seiten gleich, d. h.: eine Seite des einen Vielecks ist der homologen des andern, ihm ähnlichen Vielecks gleich, folglich sind die Vielecke kongruent (Satz 7).

57. Zusatz III.

Wenn Quadrate ähnlicher Formen gleich sind, so verhalten sich die Seiten der Quadrate wie homologe Seiten der Formen.

Beweis.

Denn jene Quadrate verhalten sich wie Quadrate auf homologen Seiten der Formen, und aus der Proportionalität der Quadrate folgt die Proportionalität ihrer Seiten (Satz 52).

58. Zusatz IV.

Wenn Linien a, b, c, d proportionirt sind, so verhalten sich irgend ähnliche Formen A, B auf a, b als homologen Seiten derselben, wie irgend ähnliche Formen C, D auf c, d als homologen Seiten.

Beweis.

Denn: $A : B = a^{\square} : b^{\square}$ und $C : D = c^{\square} : d^{\square}$; da nun nach Annahme $a : b = c : d$, so ist auch $a^{\square} : b^{\square} = c^{\square} : d^{\square}$ (S. 52) und daher auch $A : B = C : D$.

59. Lehrsatz.

Von ähnlichen Vielecken auf den Seiten eines rechtwinkligen Dreiecks, als homologen Seiten, ist das Vieleck auf der Hypotenuse gleich der Summe der Vielecke auf den Katheten; und umgekehrt, wenn von ähnlichen Vielecken auf den Seiten eines rechtw. △, als homologen Seiten, das eine Vieleck gleich ist der Summe der beiden andern, so liegt die Seite des ersten Vielecks einem rechten Winkel gegenüber.

Beweis.

Erster Theil

Erster Fall. Für Quadrate.

Man fälle vom Scheitel des rechten Winkels eine Senkrechte auf die Hypotenuse

Es ist dann

BC . BA = BA : BD (Satz 27)

folglich

□BC × BD = BA□ (Satz 53).

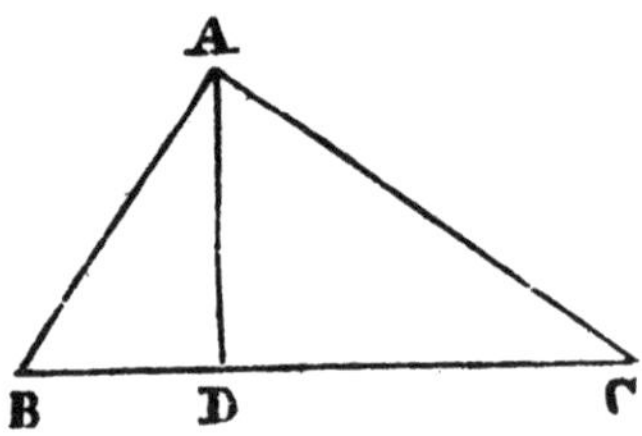

Eben so folgt □BC × CD = CA□

und mithin

BA□ + CA□ = □BC × BD + □BC × CD.

Man setze nun die beiden letzten Rechtecke mit ihrer gemeinschaftlichen Basis BC an einander, so hat das zusammengesetzte Rechteck zur Höhe die Summe (BD + CD) = BC oder ist BC□. und mithin BA□ + CA□ = BC□.

Anm. Der Euklideische Beweis dieses Satzes wird als bekann, vorausgesetzt. (Ein noch evidenterer Beweis ist gegeben in den Elementen der Geometrie (S. 152).

Zweiter Fall; für jegliche Vielecke.

Es seien die ähnlichen Vielecke auf der Hypotenuse und den Katheten mit R, P, Q bezeichnet.

Es ist P : Q = AC□ : BC□

daraus (P + Q) : Q

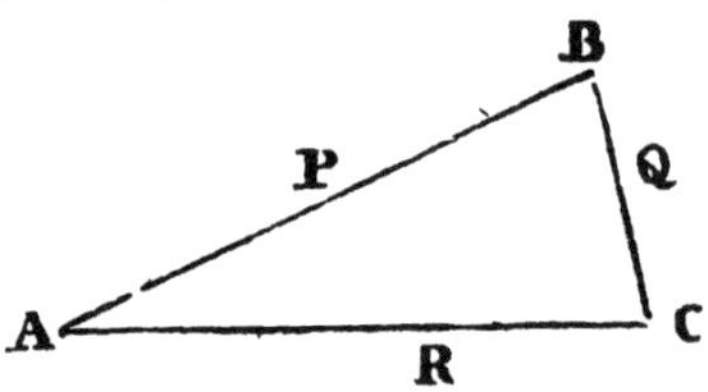

= (AC□ + BC□) : BC; es ist aber auch

R : Q = AB□ : BC□.

Diese beiden Proportionen stimmen nun in dem 2ten, 3ten (weil AB□ = AC□ + BC□) und 4ten Gliede nach der Ordnung überein, folglich auch in dem ersten Gliede, d. i.

$$R = P + Q$$

Zweiter Theil.

(Wenn R ∾ P ∾ Q und R = P + Q, so ist ∠ ABC ein rechter).

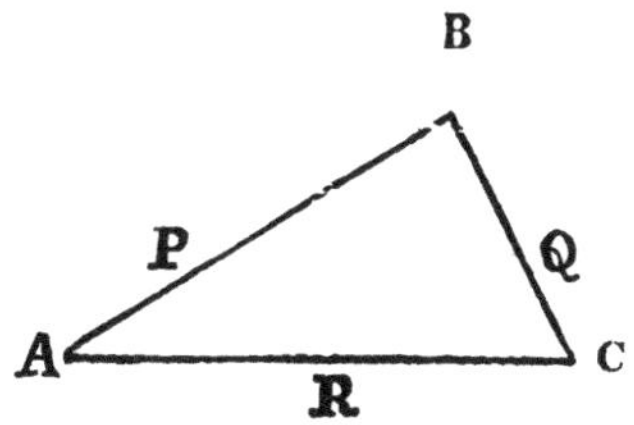

Es sei DEF ein rechter W., DE = AB, EF = BC genommen, DF gezogen, und auf DE, EF als auf homologen Seiten dieselben Formen P, Q wie auf AB, BC konstruirt, und endlich sei die Form R′ auf DF ähnlich der Form R auf M, und daher auch R′ ∾ P ∾ Q.

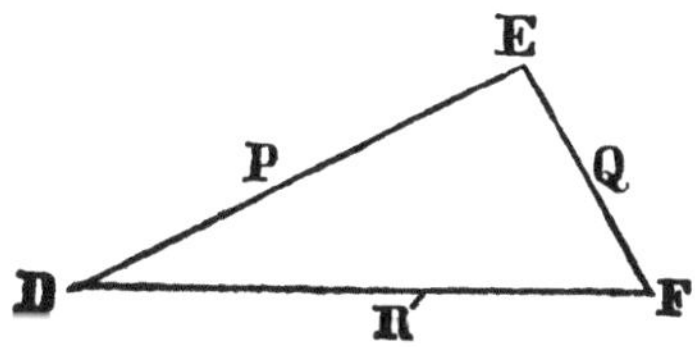

Diesemnach ist R′ = P + Q; da nun auch R = P + Q, so ist R′ = R; da aber auch R′ ∾ R, so ist R′ ≌ R und daher DF = AC als homologe Seiten kongruenter Vielecke.

Die △△ ABC, DEF stimmen sonach in allen Seiten überein, folglich ∠ DEF = ∠ ABC = einem rechten.

60. Lehrsatz.

Jedes Vieleck läßt sich auf eine gegebene Form bringen.

Beweis.

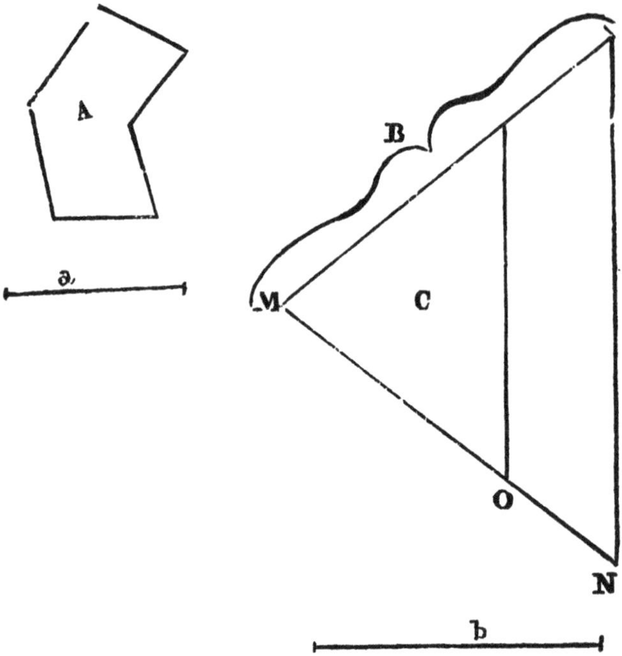

Es sei A eine Figur, welche man auf die Form B bringen soll, d. h. man soll eine Form konstruiren, welche der A gleich und der B ähnlich sei.

Man verwandle A und B in Quadrate (die zusammengesetzte Figur in ein Dreieck, dieses in ein Rechteck, und dieses in ein Quadrat), die Seiten dieser Quadrate seien a und b; nun nehme man die 4te Proportionale x zu b, a und irgend einer Seite MN der Form B, so daß man habe $b : a = MN : x$, und setze dann über $MO = x$ eine Form C ähnlich B, so ist C die verlangte, nämlich es ist $C \doteq A$.

Denn aus $b : a = MN : x$ folgt $b^{\square} : a^{\square} = MN^{\square} : x^{\square}$,
das ist aber $B : A = MN^{\square} : MO^{\square}$,
nun ist auch $B : C = MN^{\square} : MO^{\square}$,

folglich aus der Vergleichung beider Proportionen

$$A = C.$$

61. Zusatz.

Da man ein Quadrat konstruiren kann, welches jedem Aggregate von Figuren gleich ist, (durch Verwandlung jeder einzelnen Figur in ein Quadrat, und Verwandlung des Aggregats dieser Quadrate in ein einziges mittelst des Pythagoras) so folgt:

Es läßt sich jedes Aggregat von Vielecken unter einer bestimmten Form darstellen.

C. Vergleichungsbestimmungen zusammengesetzter Körperformen.

62. Lehrsatz.

Prismen und Pyramiden von gleichen Grundflächen und gleichen Höhen sind gleich.

Beweis.

Denn in Prismen sind alle den Grundflächen parallele Durchschnittsflächen gleich, in Pyramiden aber verhalten sich diese Durchschnittsflächen wie die Quadrate ihrer Entfernungen vom Scheitel (Satz 55): mithin sind Grundflächen und Höhe dieser Formen Dimensionen derselben (45, 2.) und die Formen selbst gleich, wenn ihre Dimensionen respektiv gleich sind (Satz 47).

63. Lehrsatz.

Jedes Prisma ist das Dreifache einer Pyramide, welche mit ihm gleiche Grundfläche und gleiche Höhe hat.

Beweis.

Erstens: für das dreiseitige Prisma.

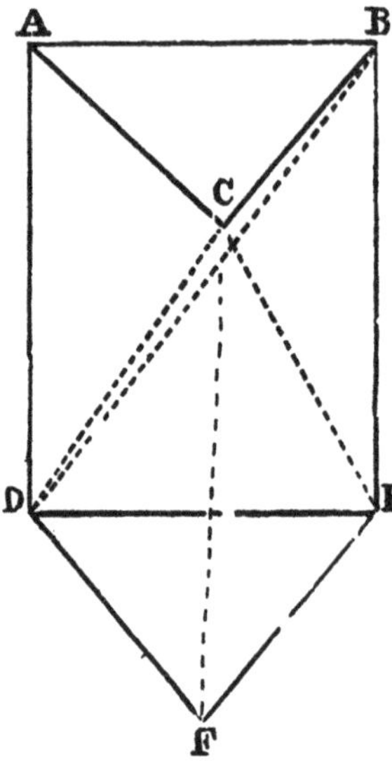

Durch die Ebene DCE erhält man die dreiseitige Pyramide DEF. C (C der Scheitel) und die vierseitige ABED. C.

Aus dieser erhält man durch die Ebene BCD die beiden gleichen (62) dreiseitigen Pyramiden ABD.C und BED.C.

In der Pyramide ABD.C verlege man den Scheitel in D, so daß die Pyramide ABC.D entstehet.

Man hat also die 3 Pyram. 1) DFE.C, 2) ABC.D, 3) BED.C, von welcher 1 = 2 und 2 = 3, also sind sie sämmtlich gleich, und ihre Summe ist daher das Dreifache einer jeden, also auch das Dreifache von DFE.C, d. h. das Prisma ist das Dreifache einer Pyramide, welche mit ihm gleiche Grundfläche und gleiche Höhe hat.

Zweitens: für ein beliebiges Prisma.

Man ziehe die Diagonalen beider Grundflächen und gleichnamigen Mittelpunkte, so verbinden je 2 entsprechende Diagonalen in der einen und andern Grundfläche die Endpunkte paralleler Seitenkanten; legt man daher durch je 2 solcher Diagonalen Ebenen, so theilen sie das Prisma in lauter dreiseitige Prismen, welche eine gemeinschaftliche Höhe, nämlich die des ganzen Prisma haben. Man bilde eine Pyramide mit derselben Höhe und mit einer Grundfläche, kongruent der Grundfläche des Prisma und theile diese in ihre Dreiecke, so wie die ganze Pyramide in dreiseitige. so ist jedes Theilprisma das Dreifache der entsprechenden Theilpyramide, und daher das ganze Prisma das Dreifache der ganzen Pyramide, diese ist aber jeder andern gleich, welche in Grundfläche und Höhe mit ihr selbst und daher mit dem Prisma übereinstimmt.

64. Lehrsatz.

Prismen und Pyramiden von gleichen Grundflächen verhalten sich wie ihre Höhen, und von gleichen Höhen wie ihre Grundflächen.

Beweis.

Ist übereinstimmend mit dem des analogen Satzes über Parallelogramme und Dreiecke, wenn man hier durch die Theilpunkte Ebenen legt.

65. Lehrsatz.

Die rechtwinkligen Parallelepipeden unter je drei gleichstelligen Gliedern proportionirter Linien $a : b = c : d$, $a' : b' = c' : d'$, $a'' : b'' = c''$ und d'' sind nach der Ordnung proportionirt.

Beweis.

1) Es ist

$$\square\, a \times a' : \square\, b \times b' = \square\, c \times c' : \square\, d \times d' \text{ (Satz 51).}$$

2) Es ist

$$\text{Prllp. } a \times a' \times a'' : \text{Prllp. } b \times b' \times a'' = \square\, a \times a' : \square\, b \times b'$$

$$\text{Prllp. } c \times c' \times c'' : \text{Prllp. } d \times d' \times c'' = \square\, c \times c' : \square\, d \times d'.$$

Da nun die zweiten Verhältnisse dieser Proportion gleich gleich sind (1), so sind es auch die ersten, das ist

$$\text{Prllp. } a \times a' \times a'' : b \times b' \times a'' = c \times c' \times c'' : d \times d' \times c''. \quad \text{A.}$$

1) Auf übereinstimmende Weise gelangt man zu der Proportion:

$$\text{Prllp. } b \times b' \times a'' : b \times b' \times b'' = d \times d' \times c'' : d \times d' d''. \quad \text{B.}$$

4) Aus der Verbindung der Proportionen A, B ergiebt sich dann:

$$\text{Prllp. } a \times a' \times a'' : b \times b' \times b'' = c \times c' \times c'' : d \times d' \times d''.$$

66. Lehrsatz.

Wenn Linien proportionirt sind, so sind auch die Kuben auf denselben proportionirt, und umgekehrt: wenn Kuben proportionirt sind, so sind auch ihre Kanten proportionirt

Beweis.

1) Man verbinde nach vorigem Satze die Proportionen

$$a : b = c : d$$

$$a : b = c : d$$

$$a : b = c : d$$

so sind die rechtwinkligen Parallelopipeden unter $a \times a \times a$ u. s. w. d. i. die Kuben auf a, b, c, d nach Ordnung proportionirt.

2) Es ist Kubus a : K. b = K. c : K. d; man setze $a : b = c : x$, so ist nach (1)

$$K.\ a : K.\ b = K.\ c : K.\ x,$$

daher Kubus d = Kubus x, woraus $d = x$ und daher

$$a : b = c : d$$

67. Lehrsatz.

Aehnliche Prismen und Pyramiden verhalten sich wie die Kuben auf homologen Kanten dieser Körper.

Beweis.

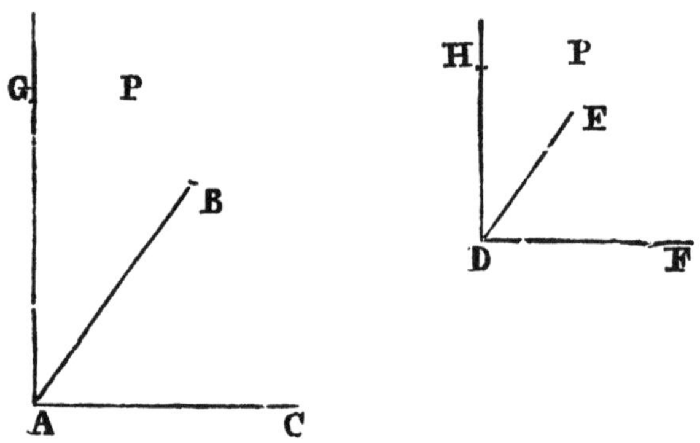

1) Man betrachte zwei rechtwinklige Parallelepipeden mit quadratischen Grundflächen.

Man nehme auf den Seitenkanten dieser Parallelepipeden P, P′, oder auf den Verlängerungen dieser Kanten, Abschnitte AG, DH gleich den Grundkanten AB, DE, und lege durch G und H

Ebenen parallel mit den Grundflächen, so erhält man Kuben, welche mit Q und Q′ bezeichnet seien.

Bezeichnet man die Seitenkanten von P, P′ mit S, S′, so ist P : Q = S : AB und P′ : Q′ = S′ : DE; es ist aber wegen der Aehnlichkeit der Körper P und P′, nach (Satz 17, 4). S : AB = S′ : DE, mithin vermöge der beiden betrachteten Proportionen:

$$P : Q = P' : Q' \text{ oder } P : P' = Q : Q',$$

es sind aber Q, Q′ die Kuben auf homologen Seitenkanten der betrachteten Körper P, P′.

2) Man betrachte irgend zwei ähnliche Prismen oder Pyramiden.

Man verwandle die ähnlichen Grundflächen dieser Körper in Quadrate, so verhalten sich die Seiten dieser Quadrate wie die homologen Seiten der Grundflächen, mithin auch wie die Höhen der ähnlichen Körper.

Man konstruire nun über jene Quadrate mit diesen Höhen rechtwinklige Parallelepipeda, so sind diese ähnlich (17, 4) und verhalten sich demnach wie die Kuben auf ihren Seitenkanten.

Es sind aber diese Parallelepipeden den betrachteten Prismen gleich, von den Pyramiden aber die Dreifache, und die Kuben auf den Seitenkanten der Parallelepipeden verhalten sich wie die Kuben auf homologen Kanten der Grundflächen der Prismen und Pyramiden (Satz 66): folglich verhalten sich die ähnlichen Prismen oder Pyramiden wie die Kuben auf homologen Kanten derselben.

68. Zusatz.

Aehnliche Prismen oder Pyramiden, welche gleich sind, sind kongruent.

Beweis.

Denn diese Körper verhalten sich wie Kuben auf homologen Kanten; da nun die Körper gleich sind, so sind auch diese Kuben gleich, und daher auch die Kanten dieser Kuben gleich, d. h. ein

Paar homologe Grundkanten der Prismen oder Pyramiden sind gleich. (Aus Satz 7 ergiebt sich unmittelbar die Kongruenz der Körper, weil eine Kante des einen einer gleichliegenden des andern gleich ist). Da nun die ähnlichen Grundflächen in einer homologen Kante übereinstimmen: so sind sie kongruent; nun sind auch die von kongruenten Ecken ausgehenden Seitenkanten in den Körpern gleich, folglich sind die Körper kongruent.

Vierter Abschnitt.

Vergleichung stetiger Formen unter sich und mit zusammengesetzten.

A. Allgemeine Bestimmungen und Prinzipien.

69 Erklärung.

Man betrachte eine regulaire Figur in einem Kreise Die Figur hat bei einem gegebenen Kreise nur ein einziges Bestimmungs-Element: die Entfernung einer Seite vom Mittelpunkte. Bei wiederholter Verdoppelung der Seite wird dieses Element immer größer, hat aber zur Grenze den Halbmesser, d. h. es kann sich der Größe desselben bis ins Unendliche nähern, ohne sie je zu erreichen. Bei der Annäherung jener Bestimmungs-Elemente zum Halbmesser schließt sich die regulaire Figur immer mehr der Peripherie an, d. h. sie erhält immer mehr gemeinschaftliche Punkte mit derselben, behält aber stets den Charakter ihrer Form, d. h. eines Systems verbundener gleicher und gleich geneigter gerader Linien.

Die Kreislinie heiße daher die Grenzform des regulairen Konstrukts in derselben.

Allgemein also wird eine stetige Form die Grenzform eines mit derselben verbundenen Konstrukts sein, wenn dieses Konstrukt, in Beziehung auf die stetige Form, durch ein einziges linearisches

Element bestimmt ist, und ein analoges Element der stetigen Form zur Grenzgröße hat, so daß bei seiner Annäherung zu dieser Grenze das Konstrukt selbst sich immer mehr der stetigen Form anschließt.

70. Folgerungen.

1) Der Mantel eines geraden Kegels ist die Grenzform des Konstrukts, wenn man den Scheitel des Kegels mit den Endpunkten einer in der Peripherie der Grundfläche beschriebenen regulairen Figur verbindet.

2) Der Mantel eines geraden Kegelstumpfes ist die Grenzform des Konstrukts, wenn man in den beiden Grundflächen gleichnamige regulaire Figuren mit je 2 in einerlei Ebene liegenden Seiten beschreibt und die Endpunkte jener parallelen Seiten mit einander verbindet.

3) Der Mantel eines geraden Cylinders ist die Grenzform des Konstrukts, wenn man in beiden Grundflächen gleichnamige regulaire Figuren mit je 2 in einerlei Ebene liegenden Seiten beschreibt, und die Endpunkte jener parallelen Seiten mit einander verbindet.

4) Die Oberfläche der Kugel ist die Grenzform eines Konstrukts in der Kugel der Art, daß die Durchschnitte desselben mit allen durch einen Diameter der Kugel gelegten Ebenen gleichnamige, regulaire, in den größten Durchschnittskreisen (mit der Oberfläche der Kugel) beschriebene, Figuren geben.

5) Ein Kugelsegment und eine Kugelzone ist die Grenzform des in ihrer Ausdehnung liegenden Theils desjenigen in (4) angegebenen Konstrukts in der Kugel, welches von dem Pol der ebenen Grundfläche des Segments und der Zone ausgeht.

6) Der körperliche Raum eines Kugelsektors (Kegel mit sphärischer Grundfläche) ist die Grenzform des Pyramiden-Konstrukts, wenn man den Scheitel des Sektors mit allen Winkelpunkten der Grenzform des Segments verbindet.

71. Lehrsatz.

Allgemeine, von den unmittelbaren Dimensionen einer zusammengesezten Form abhängige Größenbestimmungen gelten für die entsprechende Grenzform, wenn man für das Bestimmungs-Element der zusammengesetzten Form das Grenz-Element der stetigen Form, und für die übrigen Dimensionen der zusammengesetzten Form die entsprechenden der stetigen setzt, diejenigen nämlich, in welche jene übergehen, wenn für das Bestimmungs-Element seine Grenz-Größe gesetzt wird.

Beweis.

Denn diese Größenbestimmungen sind allgemein, d. h. sie gelten für jeden Größen-Zustand der Dimensionen der Form: mithin müssen sie auch für den Zustand gelten, wenn das Bestimmungs-Element in das analoge der Grenzform übergehet, und, was eine nothwendige Folge davon ist, wenn jede der übrigen Dimensionen der zusammengesetzten Form in die entsprechende der Grenzform, und daher jene Form selbst in diese übergeht.

B Vergleichung stetiger Formen unter sich.

72. Lehrsätze.

1) Die Umfänge zweier Kreise verhalten sich wie ihre Halbmesser.

Denn die Umfänge gleichnamiger regulairer Figuren in derselben verhalten sich wie die Entfernungen der Chorden von den Mittelpunkten; diesen Entfernungen sind analog die Halbmesser, so wie den Perimetern die Peripherien.

2) Die Flächen zweier Kreise verhalten sich wie die Quadrate ihrer Halbmesser.

Denn die Flächen der eingeschriebenen gleichnamigen regulairen Figuren verhalten sich wie die Quadrate der Entfernungen u. s. f.

3) Die der Grundfläche eines Kegels parallel gelegten Durchschnitte (Kreise) verhalten sich wie die Quadrate ihrer Entfernungen vom Scheitel.

Denn dasselbe Verhältniß gilt bei den gleichnamigen regulairen Figuren, von welchen die Durchschnittskreise Grenzformen sind.

4) Kegel, so wie Cylinder von gleichen Grundflächen und Höhen sind gleich.

Denn nach Satz 45 verbunden mit dem voranstehenden Satze folgt, daß Grundflächen und Höhen bei Cylinder und Kegel Dimensionen sind; wenn aber die Dimensionen gleich sind, so sind es auch die Formen (Satz 47)

C. Unmittelbare Vergleichung stetiger Formen mit zusammengesetzten.

73. Lehrsätze.

1) Die Fläche eines Kreissektors, so wie die Fläche eines Kreises, ist einem Dreiecke gleich, welches den Halbmesser zur Höhe hat, und dessen Grundlinie gleich ist der Ausdehnung (Länge) des Bogens, oder der Peripherie.

denn das Konstrukt im Kreise, von welchem dieser die Grenzform ist, ist gleich einem Dreiecke unter der Entfernung der Chorde vom Mittelpunkte, und dem Perimeter.

2) Der Mantel eines geraden Kegels ist einem Dreiecke gleich, welches die Seite des Kegels zur Höhe hat, und dessen Grundlinie gleich ist der Peripherie der Grundfläche; der Mantel eines geraden Kegelstumpfes ist einem Trapeze gleich, welches die Höhe des Rumpfes zur Höhe hat, und dessen parallele Seiten den Peripherien der Grundkreise gleich sind; das Volumen jedes Kegels aber ist einer Pyramide gleich, welche die Höhe des Kegels zur Höhe hat und deren Grundfläche gleich ist die Grundfläche des Kegels.

Denn die mit den genannten Flächen als Grenzformen verbundenen zusammengesetzten Formen haben zu Dimensionen ihrer Größe: Perimeter der Grundfläche, oder der Grundfläche und Seite des Kegels oder des Kegelstumpfes; so daß man nur bei dem Uebergange zur Grenzform Peripherie für Perimeter zu setzen braucht.

Endlich ist der Kegel selbst die Grenze der Pyramide, deren Grundfläche diejenige des Kegels zur Grenzform hat, und daher die Volumenbestimmung beider Körper auf einerlei Art aus Grundflächen und übereinstimmenden Höhen geschieht.

3) Der Mantel eines geraden Cylinders ist einem Rechtecke gleich, welches die Seite des Cylinders zur Höhe hat, und dessen Grundlinie gleich ist der Peripherie der Grundfläche; das Volumen jedes Cylinders aber ist einem Prisma gleich, welches die Höhe des Cylinders zur Höhe hat, und dessen Grundfläche gleich ist der Grudfläche des Cylinders.

Dieses folgt aus ähnlichen Betrachtungen wie im vorhergehenden Satze.

4) Das Volumen eines Kugelsektors ist eier Pyramide gleich, welche den Halbmesser der Kugel zur Höhe hat, und deren Grundfläche gleich ist der sphärischen Grundfläche des Sektors. Daher das Volumen der Kugel gleich ist einer Pyramide unter Oberfläche und Halbmesser der Kugel als Grundfläche und Höhe.

Denn der Kugelsektor ist die Grenze eines Pyramiden-Systems aus dem Mittelpunkte der Kugel als gemeinschaftlichem Scheitel; das gemeinschaftliche Bestimmungs-Element derselben ist die Entfernung der in der sphärischen Grundfläche konstruirten Chorden vom Mittelpunkte der Kugel; gehet aber diese Entfernung in den Halbmesser der Kugel über, so gehet die Summe der ebenen Grundflächen der Pyramiden in die sphärische Grundfläche, und das Pyramidensystem in den Kugelsektor über.

5) Alle pyramidalische Körper (Pyramide, Kegel, Kugelsektor), eben so alle prismatischen Körper (Pris-

men und Cylinder) von gleichen Grundflächen und gleichen Höhen sind gleich; jeder prismatische Körper aber ist das Dreifache eines pyramidalischen Körpers von gleicher Grundfläche und Höhe.

Der Satz folgt aus (2, 3, 4) verbunden mit den Vergleichungsbestimmungen von Pyramiden und Prismen für sich und gegen einander.

D. Bestimmung der Kugel-Oberfläche.

74. Vorbereitende Sätze.

1) Der Mantel eines geraden Kegels ist gleich dem Rechtecke unter der Seite des Kegels und dem Umfange des durch die Mitte der Seite gelegten, mit der Grundfläche parallelen, Kreisdurchschnitts.

Der Mantel eines geraden Kegelstumpfes ist gleich dem Rechtecke unter der Seite des Stumpfes und dem Umfange des durch die Mitte der Seite gelegten, mit den Grundflächen parallelen, Kreisdurchschnitts.

Denn der Halbmesser dieses Mittelkreises ist im ersten Falle die Hälfte des Halbmessers des Grundkreises. und im zweiten Falle die Hälfte der Summe der Halbmesser der beiden Grundkreise, und dasselbe Verhältniß findet auch zwischen den entsprechenden Peripherien statt.

2) Der Mantel eines geraden Kegels, welchen eine Chorde bei der Umdrehung des Halbkreises um den aus dem Endpunkte der Chorde gezogenen Durchmesser beschreibt, ist dem Rechtecke gleich unter der Höhe des Kegels und dem Umfange eines Kreises, welcher die Entfernung der Chorde vom Mittelpunkte zum Halbmesser hat.

Es sei AB die Chorde und E die Mitte derselben, so daß CE die Entfernung der Chorde vom Mittelpunkte, so wie EG der Halbmesser des Mittelkreises ist. Es ist aber dann der Mantel des Kegels.

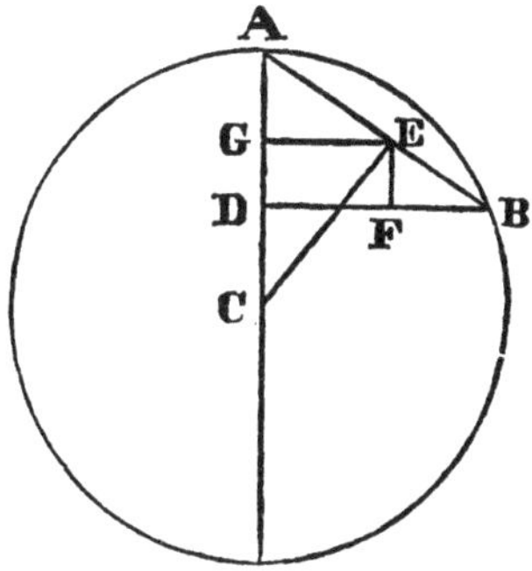

$\square AB \times P(EG)$, (Satz 74, erster Theil).

(wo P (EG) bezeichnet: die Peripherie des Kreises mit dem Halbmesser EG.)

Nun ist $EG : EC = EF : EB$, mithin auch

$P\ (EG) : P\ (EC) = 2.EF : 2.EB$, das ist

$P\ (EG) : P\ (EC) = AD : AB$, woraus dann

$\square AB \times P\ (EG) = \square AD \times P\ (EC)$.

3) Der Mantel eines geraden Kegelstumpfes welchen eine Chorde beschreibt, ist gleich dem Rechtecke unter der Höhe des Stumpfes und dem Umfange eines Kreises, welcher die Entfernung der Chorde vom Mittelpunkte des zur Chorde gehörenden Kreises zum Halbmesser hat.

Es sei AB die Seite des Stumpfes und seine Achse liege in dem aus S gezogenen Durchmesser, so ist GK die Höhe des Stumpfes; ist nun E die Mitte der Seite, so ist der Mantel des Stumpfes =

$\square AB \times P\ (ED)$.

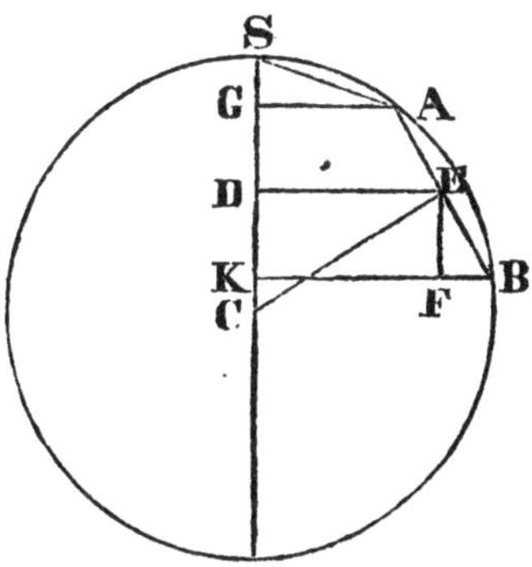

Nun ist ED : EC = EF : EB, mithin auch
P (ED) : P (EC) = 2 . EF : 2 . EB, d. i.
P (ED) : P (EC) = GK : AB, woraus dann folgt
□ AB × P (ED) = GK × P (EC).

4) Die Summe der Flächen, welche die Theile einer von dem Endpunkte des Durchmessers ausgehenden regulair gebrochenen Linie durch die Umdrehung um den Durchmesser beschreiben, ist einem Rechtecke gleich unter der auf dem Durchmesser genommenen Entfernung der beiden Endpunkte der gebrochenen Linie und dem Umfange des Kreises, welcher die gemeinschaftliche Entfernung (e) der gleichen Chorden vom Mittelpunkte zum Halbmesser hat.

Von diesen Flächen ist die erste die eines geraden Kegels, die übrigen aber sind Oberflächen gerader Kegelstumpfe.

Man bezeichne die Höhen dieser Körper mit h, h′, h″ u. s. w.; mit H aber die Entfernung der beiden Endpunkte der gebrochenen Linie: so ist

$$H = h + h' + h'' + \ldots.$$

Die einzelnen krummen Flächen sind nun □ h × P (e), □ h′ × P (e), □ h″ × P (e) u. s. f.

es ist mithin die Summe derselben

□ (h + h′ + h″ ....) × P (e) = □ H × P (e).

75. Lehrsatz.

Die sphärische Oberfläche eines Kugelsegments und einer Kugelzone ist einem Rechtecke gleich unter der Höhe des Segments oder der Zone und dem Umfange eines größten Kugelkreises.

Beweis.

Erster Theil.

In einem Achsendurchschnitte des Segments sei vom Pole desselben aus in dem Kreisbogen eine regulaire gebrochene Linie beschrieben: so ist diese der Durchschnitt derjenigen Form, von welcher die sphärische Segmentsfläche die Grenzform ist (Satz 70, 5), und zwar ist das Bestimmungselement der eingeschriebenen Form die gemeinschaftliche Entfernung (e) der gleichen Chorden vom Mittelpunkte der Kugel, und das analoge Element der Grenzform ist der Halbmesser (r) der Kugel, während beide Formen die gemeinschaftliche Höhe (H) haben.

Nun ist die Oberfläche der eingeschriebenen Formen

$$\square H \times P\,(e)$$

mithin die der Grenzform nach Satz 71

$$\square H \times P\,(r).$$

Zweiter Theil.

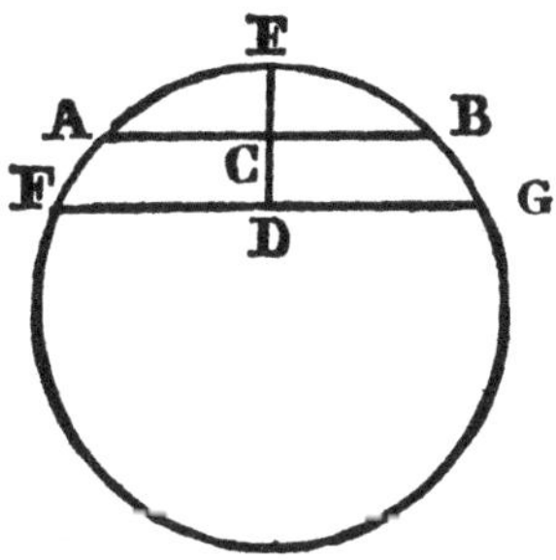

Die Oberfläche des Segments FAEBG ist

$$\square ED \times P\,(r)$$

und die Oberfläche des Segments AEB

$$\square EC \times P\,(r)$$

mithin die Oberfläche ihres Unterschieds, d. i. der Zone FABD

$$\square (ED - EC) \times P\,(r) \text{ d. i.}$$

$$\square CD \times P\,(r).$$

76. Lehrsatz.

Die Oberfläche einer Kugel ist einem Rechtecke gleich unter dem Durchmesser und dem Umfange eines größten Kreises der Kugel.

Beweis.

Denn die Halbkugel ist ein Segment mit der Höhe r, mithin ist ihre sphärische Oberfläche

$$\square r \times P\,(r)$$

also ist die Oberfläche der Kugel das Doppelte dieser Fläche, das ist

$$\square 2r \times P\,(r).$$

Anhang.

Systematische Anlage der Elemente der Formbildung.

A. Grundbegriffe und Bestimmungen.

I Ursprüngliche, einfache Ausdehnungen

1. Forderung.

Man stelle sich eine Linie vor, deren Punkte in der ganzen unbegrenzten Ausdehnung der Linie durch irgend zwei dieser Punkte bestimmt sind. (Ein Punkt ist bestimmt, wenn man den Ort derselben von dem Orte jedes andern Punktes im Raume unterscheiden kann)

2. Erklärung.

Eine solche Linie heißt eine gerade. — Gleiche gerade Linien

3. Erklärung.

Eine Fläche heißt eben oder ist eine Ebene, wenn die gerade, je zwei Punkte der Fläche verbindende Linie ganz in derselben liegt (alle Punkte mit der Fläche gemein hat).

4. Lehrsätze.

a) Die gerade Linie, welche zwei Punkte einer unbegrenzten Ebene verbindet, so wie die Verlängerungen dieser Linie, liegen in derselben Ebene.

b) Zwei Ebenen, welche einen Theil ihrer Ausdehnung gemein haben, fallen in ihrer ganzen unbegrenzten Ausdehnung zusammen.

c) Zwei Ebenen, welche 3, nicht in einerlei Richtung liegende, Punkte gemein haben, fallen in ihrer ganzen Ausdehnung zusammen; daher:

d) Die Lage einer Ebene ist durch 3, nicht in gerader Linie liegende, Punkte bestimmt.

e) Die Durchschnittsform zweier Ebenen ist eine gerade Linie.

(Beweise, s. Elem. d. Geom. Bd. I, Satz 11—16.)

5. Erklärungen.

a) Der Ort aller Punkte in einer Ebene, welche von einem Punkte in dieser Ebene gleich weit abstehen, heißt eine Kreislinie — Kreisebene. — Gleiche Kreise, gleiche Bogen.

b) Der Ort aller Punkte im Raume, welche von einem Punkte gleich weit abstehen, heißt Kugelfläche — Kugel.

II. Verknüpfung der ursprünglichen, einfachen Ausdehnungen.

6. Erklärungen.

a) Die von einem Punkte ausgehende, in zwei unbegrenzten geraden Linien sich erstreckende Ausdehnung heißt ein gradliniger Winkel.

b) Die von einer geraden Linie ausgehende, in zwei unbegrenzten Ebenen sich erstreckende Ausdehnung heißt ein Flächenwinkel.

c) Die Ausdehnung, welche von dem gemeinschaftlichen Durchschnittspunkte dreier oder mehrerer Ebenen aus sich zwischen denselben erstreckt, heißt eine körperliche Ecke (Kanten, Seiten, Winkel).

7. Erklärung.

Zwei Winkel, eben so zwei körperliche Ecken, lassen sich zur Deckung bringen und sind gleich, wenn sie mit ihren

Scheiteln in einander und mit ihren Schenkeln und Kanten längs einander liegend vorgestellt werden können.

8. Lehrsätze.

a) Gleiche Linienwinkel haben zwischen ihren Schenkeln gleiche aus den Scheiteln, als Mittelpunkten, mit gleichen Halbmessern beschriebene, Kreisbogen.

b) Gleiche Flächenwinkel haben zwischen ihren Schenkeln gleiche Kugelstreifen der über gleiche Abschnitte der Scheitellinien, als Durchmesser, beschriebenen Kugeln.

9. Erklärung.

Größe eines Winkels ist das Verhältniß des Bogens zwischen seinen Schenkeln zu seiner Peripherie, und des Kugelstreifens zu seiner Kugelfläche.

10. Erklärungen.

a) Nebenwinkel sind: 2 W. W., welche einen gemeinschaftlichen Schenkel haben, und deren beide andern Schenkel in einerlei gerader Linie oder in einerlei Ebene liegen.

b) Scheitelwinkel sind: 2 W. W., welche von gemeinschaftlichem Scheitelpunkte und gemeinschaftlicher Scheitellinie aus sich so erstrecken, daß die Schenkel des einen die Verlängerungen oder Erweiterungen der Schenkel des andern sind.

c) Zusammenstellung je zweier W. W. um die beiden Durchschnittspunkte zweier Linien in einer Ebene mit einer dritten Linie, oder zweier Ebenen mit einer dritten: Wechselwinkel, Gegenwinkel.

11. Erklärungen.

a. Flacher, concaver, convexer Winkel.

b) Ein rechter Winkel heißt, welcher seinem Nebenwinkel gleich ist, oder die Hälfte eines flachen beträgt.

III. Ursprüngliche Gesetze der Winkel-Vergleichung.

12. Lehrsätze.

a) Alle flache Winkel sind gleich.

b) Alle rechte Winkel sind gleich.

c) Die Summe der Nebenwinkel, so wie aller Linienw. in einerlei Ebene und von einem gemeinschaftlichen Scheitel, und aller Flächenwinkel von einer gemeinschaftlichen Scheitellinie, deren äusserste Schenkel in gerader Linie oder in einerlei Ebene liegen, ist gleich einem flachen Winkel.

d) Die Summe eines concaven und seines convexen Winkels, so wie überhaupt die Summe aller Winkel um einen Punkt oder um eine Scheitellinie (wenn man von einem Schenkel an bis wieder zu demselben herumzählt) beträgt 2 Flache.

e) Jeder Winkel ist seinem Scheitelwinkel gleich.

f) Wenn ein Winkel seinem Gegenwinkel oder Wechselwinkel gleich ist, so ist auch jeder der drei übrigen W. W. um denselben Durchschnittspunkt seinem Gegenwinkel oder gleichnamigen Wechselwinkel gleich; ferner wenn ein Winkel seinem Gegenwinkel gleich ist, so ist er auch seinem Wechselwinkel gleich, und umgekehrt.

g) Wenn 2 innere oder äußere an einerlei Seite der Sekante liegende W. W. zusammen einen flachen Winkel betragen, so gilt dieses von jedem der drei übrigen Paare; ferner ist alsdann jeder dieser Winkel seinem Gegenwinkel gleich, und umgekehrt.

IV. Gesetze der Winkel-Vergleichung in ebenen Konstrukten.

13. Grundsätze.

a) Der Lauf oder die Erstreckung einer geraden Linie ist bestimmt durch den Winkel, welchen sie mit einer der Lage nach gegebenen Linie, in irgend einem Punkte derselben, bildet.

b) Zwei Linien also, welche mit einer dritten gleiche Gegenwinkel (oder gleiche Wechselwinkel, u. s. w.) bilden, haben einerlei Lauf oder Erstreckung, sind parallel — wegen a, und auch weil, wenn sie durch denselben Punkt der dritten gingen, sie zusammenfallen würden.

c) Zwei Linien, welche mit einer dritten ungleiche Gegenwinkel bilden, haben einen verschiedenen Lauf — denn durch einerlei Punkt gehend gedacht, haben sie verschiedene Richtungen -- folglich:

d) Parallele Linien bilden mit jeder sie durchschneidenden gleiche Gegenwinkel (gleiche Wechselwinkel u. s. w.)

14. Lehrsatz.

Winkel mit parallelen Schenkeln sind gleich. (Wenn die beiden parallelen Schenkelpaare sich entweder zugleich nach einerlei Seite oder nach entgegengesetzten Seiten der Linie erstrecken, welche ihre Scheitel verbindet).

15. Lehrsätze.

a) Die Summe aller Winkel einer $n$seitigen Figur beträgt $(2n-4)$ Rechte, und die Summe der äußern Winkel in jeder Figur beträgt 4 Rechte.

b) Der äußere Winkel eines Dreiecks ist gleich der Summe der beiden ihm gegenüberliegenden innern Winkel.

V. Bedingung der Konvergenz zweier Linien und Folgerung daraus.

16. Lehrsatz.

Wenn 2 Linien mit einer sie durchschneidenden, innere an einerlei Seite der Sekante liegende Winkel bilden, deren Summe kleiner ist als zwei Rechte, so durchschneiden sich die Linien genugsam verlängert, nach dieser Seite der Sekante.

(Beweis, s. Elem. der Geom. Buch I, Satz 74).

17. Folgerung.

Wenn 2 Linien in einer Ebene nach keiner Seite zusammenstoßen, so sind sie parallel.

VI. Die geometrische Konstruktion.

18. Erklärungen.

a) Den Ort eines Punktes konstruiren heißt: denselben als Durchschnittspunkt zweier, der Lage nach gegebenen Linien, oder einer Linie und einer Fläche, bestimmen.

b) Eine geradlinige Form aus gegebenen Elementen konstruiren heißt: die bestimmenden Winkelpunkte derselben konstruiren.

19. Princip.

Alle geometrischen Konstruktionen sind nachzuweisen aus den Postulaten:

1) 2 Punkte durch eine gerade Linie zu verbinden.
2) Eine gerade Linie über beide Endpunkte hinaus zu verlängern.
3) Aus einem gegebenen Punkte in dem Abstande desselben von einem andern gegebenen Punkte einen Kreis zu beschreiben (eine Kugel).
4) Durch drei Punkte, welche nicht in gerader Linie liegen, eine Ebene zu legen.
5) Eine Ebene nach allen Seiten zu erweitern.

Anm. 1) Es ist mithin nach wissenschaftlichem Konstruktions-Verfahren nicht gestattet: einen von einem gegebenen Punkte bis zu einem zweiten gegebenen vorgestellten Kreis auf einen andern Mittelpunkt übertragen sich vorzustellen und seinen Durchschnittspunkt mit einer Linie dadurch als bestimmt zu betrachten.

2) Erläuterung und Beschränkung des im praktischen Sinne gestatteten Gebrauchs des Lineals und des Zirkels.

3) Eine Veranschaulichung dieses Princips giebt die Aufgabe: von einer unbegrenzten geraden Linie eine begrenzte (und nicht von ihrem Endpunkte ausgehende) abzuschneiden.

B. Gesetze der Bildung geradliniger Formen in einer Ebene.

I. Abhängigkeits-Gesetze zwischen den Elementen eines Dreiecks.

20. Lehrsatz.

In einem Dreiecke liegen gleichen Seiten gleiche Winkel und gleichen Winkeln gleiche Seiten gegenüber; ferner liegt der größern Seite der größere Winkel und dem größern Winkel die größere Seite gegenüber.

Anm. Alle 4 Beweise direkt ausgeführt.

21. Zusätze.

a) Eine Linie vom Scheitel eines gleichschenkligen Dreiecks nach einem Punkte der Basis gezogen ist kleiner — nach einem Punkte der verlängerten Basis aber größer als jeder Schenkel.

b) Eine Linie, welche den Scheitel eines ungleichschenkligen Dreiecks mit einem Pnnkte der Basis verbindet, ist kleiner als der größere der beiden Schenkel.

22. Lehrsatz.

Die Summe je zweier Seiten eines Dreiecks ist größer als die dritte Seite.

II. Bestimmung von Formen durch Elemente derselben oder Bedingungen der Kongruenz.

23. Lehrsatz.

Zwei Dreiecke sind kongruent, wenn sie in 3 von einander unabhängigen Elementen (die also nicht 3 Winkel sein dürfen — daher auch: in 3 Elementen, unter denen wenigstens eine Seite ist) nach der Ordnung übereinstimmen, so aber daß — im Falle diese Elemente 2 Seiten und ein gegenüberliegender Winkel sind — die den andern übereinstimmenden Seiten gegenüberliegenden beiden Winkel zugleich rechte oder spitze oder stumpfe sind.

24. Zusätze.

a) Zwei Dreiecke sind daher auch kongruent, wenn sie in 2 Seiten übereinstimmen und in dem Winkel, welcher den größern dieser Seiten gegenüberliegen.

b) Zwei Dreiecke sind nicht nothwendig kongruent, wenn sie in 2 Seiten und in den Winkeln, welche den kleinern dieser Seiten gegenüberliegen, übereinstimmen.

25. Lehrsatz.

Die Linien, welche die Endpunkte gleicher uud paralleler Linien verbinden, sind gleich und parallel.

26. Erklärung.

Parallelogramm, ein Viereck von je 2 parallelen Seiten gebildet.

27. Lehrsätze.

Die Formbezeichnungen eines Parallelogramms:

a) Je 2 gegenüberliegende Winkel sind gleich;

b) Je 2 gegenüberliegendende Seiten sind gleich.

c) Die Diagonalen halbiren sich.

28. Folgerungen.

a) Parallele Linien sind überall gleich weit von einander entfernt.

b) Ein Parallelogramm ist bestimmt durch die bestimmenden Elemente eines der Dreiecke um die Diagonale.

29. Lehrsatz.

Zwei nEcke sind kongruent, wenn sie in (2n—3) von einander unabhängigen Elementen nach der Ordnung übereinstimmen.

III. Abhängigkeits-Beziehungen zwischen übereinstimmend liegenden Elementen zweier Dreiecke.

30. Lehrsatz.

Wenn 2 Dreiecke einerlei Basis haben, es liegt aber der Scheitel des einen in einem Schenkel oder in der Fläche des andern, so ist die Summe der Schenkel des äußern Dreiecks größer als die Summe der Schenkel des innern.

31. Lehrsatz.

Wenn 2 rechtwinklige Dreiecke in ihren Hypotenusen übereinstimmen, in den Katheten aber verschieden sind, so sind die Katheten des einen abwechselnd größer und kleiner als die des andern.

32. Lehrsatz.

Wenn 2 Dreiecke in ihren Schenkeln übereinstimmen, es sind aber die Winkel an den Scheiteln verschieden, so liegt dem größern Winkel am Scheitel die größere Basis gegenüber; umgekehrt: wenn 2 Dreiecke in ihren Schenkeln übereinstimmen, es sind aber die Grundlinien verschieden, so liegt der größern Grundlinie der größere Winkel am Scheitel gegenüber.

C. Der Kreis.

I. Eigenschaften des Kreises, abgeleitet aus der Verknüpfung desselben mit geraden Linien.

33. Lehrsatz.

Eine Linie, welche 2 Punkte der Peripherie verbindet, liegt zwischen diesen Punkten in der Kreisfläche, über diese Punkte hinaus aber außerhalb derselben.

34. Lehrsatz.

Keine 3 Punkte der Peripherie liegen in gerader Linie.

35. Lehrsatz.

In einem Kreise oder in gleichen Kreisen gehören zu gleichen Bogen gleiche Chorden, und zu gleichen Chorden gleiche Bogen; zum größern Bogen, in welchem aber der Mittelpunkt nicht liegt, gehört die größere Chorde, wie zur größern Chorde der größere Bogen, in welchem der Mittelpunkt nicht liegt.

36. Lehrsatz.

Eine gerade Linie, welche je 2 der folgenden Bestimmungen erfüllt:

1) sie geht durch den Mittelpunkt eines Kreises —
2) sie geht durch die Mitte einer Chorde —
3) sie steht auf einer Chorde senkrecht —
4) sie halbirt den Bogen einer Chorde. —
erfüllt auch die beiden übrigen Bestimmungen.

37. Folgerung.

Durch 3 nicht in gerader Linie liegende Punkte ist die Größe und Lage eines Kreises bestimmt; oder: 2 Kreise, welche 3 Punkte der Peripherie gemein haben, fallen zusammen.

38. Lehrsatz.

Ein Punkt in der Kreisebene, welcher von 3 Punkten des Umfangs gleich weit entfernt ist, ist der Mittelpunkt.

39. Lehrsatz.

Gleich weit vom Mittelpunkte entfernte Chorden sind gleich, und gleiche Chorden sind gleichweit vom Mittelpunkte entfernt; von verschieden entfernten Chorden ist die dem Mittelpunkte nähere größer als die entferntere, und die größere ist dem Mittelpunkte näher.

40. Lehrsatz.

Eine Senkrechte auf dem Endpunkte eines Halbmessers hat nur diesen Punkt mit der Peripherie gemein und liegt in ihrer ganzen Ausdehnung außerhalb der Kreisfläche; von der schiefen auf dem Endpunkte des Halbmessers aber wird ein Theil des Schenkels des spitzen Winkels in der Kreisfläche, der Schenkel des stumpfen Winkels aber ganz außerhalb derselben liegen; auch ist jener Theil desto größer, je kleiner der spitze Winkel ist.

41. Erklärung.

Kreistangente.

42. Lehrsätze.

a) Jede Senkrechte auf der Tangente im Berührungspunkte gehet verlängert durch den Mittelpunkt.

b) Jeder Radius vom Berührungspunkte ist auf der Tangente senkrecht.

II. Verknüpfung der Kreise in einer Ebene.

43. Lehrsatz.

Zwei Kreise durch einerlei Punkt der Centrale berühen sich in demselben außerhalb oder innerhalb.

44. Lehrsatz.

Zwei Kreise durch einerlei Punkt außerhalb der Centrale durchschneiden sich in 2 Punkten.

45. Lehrsatz.

Wenn 2 Kreise sich berühren, so liegt der Berührungspunkt in der Centrale oder in der Verlängerung derselben.

46. Lehrsatz.

Wenn von den dreien, die gegenseitige Lage und die Größe der Kreise bestimmenden Linien „die Centrale und die beiden Halbmesser“ die Summe je zweier größer ist als die dritte, so durchschneiden sich die Kreise.

III. Verknüpfung des Kreises mit Winkeln und Formen.

47. Lehrsatz.

Jeder Peripheriewinkel ist die Hälfte des Centriwinkels auf demselben, oder auf gleichem Bogen.

48. Zusätze:

a) Peripheriewinkel auf gleichen Bogen sind gleich.

b) Der Peripheriewinkel im Halbkreise ist ein rechter, im größern Abschnitte ein spitzer und im kleinern ein stumpfer.

c) Bogen eines Kreises zwischen parallelen Chorden sind gleich.

d) Zurückführung von Winkeln, welche

1) 2 in der Kreisfläche sich durchschneidende Chorden —

2) Sekanten von einem Punkte außerhalb des Kreises —

bilden, auf die zwischen den genannten Linien liegenden Bogen.

49. Lehrsatz.

Der Winkel, welchen eine Tangente mit einer Chorde im Berührungspunkte bildet, ist gleich dem Peripherie-Winkel auf dem Bogen, welcher in der Fläche der Tangentenwinkel liegt.

50. Zusätze.

a) Bogen eines Kreises zwischen einer Tangente und einer ihr parallelen Chorde sind gleich.

b) Zurückführung eines Winkels, welcher eine Tangente und eine Sekante oder 2 Tangenten von einem Punkte außerhalb des Kreises bilden, auf die Bogen zwischen den Treffpunkten.

51. Lehrsatz.

In einem Vierecke im Kreise ist die Summe jener gegenüberliegender Winkel 2 Rechte, und umgekehrt: ein Kreis durch 3 Winkelpunkte eines Vierecks geführt, in welchem die Summe jener gegenüberliegenden Winkel 2 Rechte beträgt, gehet auch durch den vierten Punkt.

52. Lehrsatz.

Es sei die Peripherie in gleiche Abschnitte getheilt, und

1) seien die Theilpunkte mit einander verbunden —
2) seien an den Berührungspunkten Tangenten gezogen und bis zu ihren Durchschnittspunkten verlängert;

so ist die Figur eine regulaire.

53. Lehrsätze.

Theilung der Peripherie in 4×2^n, in 6×2^n und in drei gleiche Abschnitte.

IV. Fundamental-Konstruktionen in einer Ebene.

D. Elemente der Formbildung im Raum.

I. Grundbestimmungen über die Lage gerader Linien gegen Ebenen.

54. Vorbereitung.

Aus dem Endpunkte einer Linie errichte man in irgend zweien durch die Linien gelegten Ebenen Senkrechte auf der Linie, so stehet dieselbe auf jenen beiden Linien in ihrem Durchschnittspunkte senkrecht.

55. Lehrsatz.

Eine Linie, welche mit zweien Linien in ihrem Durchschnittspunkte rechte Winkel bildet, bildet mit jeder in der Ebene dieser Linien aus dem Durchschnittspunkte derselben gezogenen Linie einen rechten Winkel.

56. Erklärung.

Eine Linie senkrecht auf einer Ebene; schief.

57. Zusätze.

a) Von einem Punkte in einer Ebene, so wie von einem Punkte außerhalb einer Ebene ist nur Eine senkrechte Linie auf derselben möglich.

b) Durch einen Punkt in einer Linie ist nur eine auf ihr senkrechte Ebene möglich.

II. Konstruktion in einerlei Ebene liegender Linien.

58. Lehrsatz.

Alle von einem Punkte einer Linie ausgehenden Senkrechten liegen in einerlei Ebene.

59. Lehrsatz.

Zwei Linien, welche auf einer Ebene senkrecht stehen, liegen in einerlei Ebene.

III. Konstruktion paralleler Linien im Raume.

60. Lehrsätze.

a) Zwei Linien, welche auf einer Ebene senkrecht stehen, sind parallel.

b) Wenn eine von 2 parallelen Linien auf einer Ebene senkrecht stehet, so ist die andere auf derselben Ebene senkrecht.

61. Lehrsatz.

Wenn eine von 3 Linien im Raume jeder der beiden andern parallel ist, so sind diese selbst parallel.

IV. Einfachste Bedingung der Winkelvergleichung im Raume.

62. Lehrsatz.

Zwei Winkel in verschiedenen Ebenen sind gleich, wenn ihre Schenkel (nach einerlei, oder nach gerade entgegengesetzten Richtungen, in Absicht der die Scheitel verbindenden Linie) parallel sind.

V. Allgemeine Bestimmungen über die Lage gerader Linien gegen Ebenen.

63. Erklärung.

Der (spitze) Neigungswinkel einer Linie gegen eine Ebene ist das Komplement des Winkels, welcher diese Linie mit der aus ihrem Treffpunkte auf der Ebene errichteten Senkrechten bildet.

64. Lehrsatz.

Es sei eine Linie gegen eine Ebene geneigt; man fälle von einem Punkt der Linie auf die Ebene eine Senkrechte und verbinde den Treffpunkt der Senkrechten mit dem Treffpunkt der Schiefen: so ist der Winkel dieser letztern mit der Verbindungslinie der Neigungswinkel.

65. Zusatz.

Der (spitze) Neigungswinkel ist der kleinste unter allen Winkeln, welche die schiefe Linie mit den aus ihrem Treffpunkte in der Ebene gezogenen Linien bildet, (und daher der stumpfe N. W. der größte).

66. Lehrsatz.

Parallele Linien sind gegen einerlei Ebene gleich geneigt.

67. Lehrsatz.

Eine Linie ist einer Ebene parallel, wenn beide auf einerlei Ebene senkrecht stehen.

Denn wenn sie von einerlei Punkt dieser Senkrechten ausgingen, so würde die Linie in der Ebene liegen.

68. Lehrsätze.

a) Eine Linie ist einer Ebene parallel, wenn sie irgend einer Linie in der Ebene parallel ist.

b) Eine Linie ist einer Ebene parallel, wenn sie in ihrer ganzen Ausdehnung nirgends mit der unbegrenzten Ebene zusammenstößt.

c) Eine Linie ist einer Ebene parallel, wenn sie durch 2 Punkte gehet, welche von der Ebene gleich weit entfernt sind.

69. Lehrsatz.

Alle Punkte einer Linie, welche einer Ebene parallel ist, sind von der Ebene gleich weit entfernt.

VI. Von den Flächenwinkeln.

70. Lehrsatz.

Wenn man aus Punkten der Scheitellinie eines Flächenwinkels Senkrechte auf der Scheitellinie in den geneigten Ebenen errichtet, so sind alle Winkel dieser Senkrechten gleich; ferner ist jeder dieser Winkel der Nebenwinkel desjenigen Winkels, welchen man aus demselben Punkte der Scheitellinie zu dem Nebenwinkel der Flächenwinkel konstruirt

71. Lehrsatz.

Wenn in 2 Flächenwinkeln die von irgend 2 Senkrechten auf der Scheitellinie gebildeten Winkel gleich sind: so sind auch die Flächenwinkel gleich (Satz 7).

72. Lehrsatz.

Der zu einem Flächenwinkel gehörende Kugelstreif verhält sich zur Kugelfläche, wie der Bogen des Linienwinkels zweier auf der Scheitellinie Senkrechten zur Peripherie.

73. Folgerung.

Der Winkel der Senkrechten auf der Scheitellinie bestimmt die Größe des Flächenwinkels; man nennt ihn den dem Flächenwinkel korrespondirenden Linienwinkel.

74. Zusatz.

Die Durchschnittslinien einer auf der Scheitellinie senkrechten Ebene mit den geneigten Ebenen bilden den dem Flächenwinkel korrespondirenden Linienwinkel.

75. Lehrsatz.

Wenn eine Linie auf einer Ebene senkrecht ist, so ist jede durch diese Linie gelegte Ebene auf der erstern Ebene senkrecht.

76. Zusatz.

Die Schenkel des Flächenwinkels sind auf der Ebene des korrespondirenden Linienwinkels senkrecht.

77. Lehrsatz.

Es sei ein Flächenwinkel ein rechter, und man errichtet in der einen Ebene eine Senkrechte auf der Scheitellinie, so ist diese auf der andern Ebene senkrecht.

78. Zusatz.

Der einem Flächenwinkel korrespondirende Linienwinkel wird auch wie folgt erhalten (3te Konstruktionsmethode). man fälle von einem Punkte der einen Ebene auf die andere eine Senkrechte, von diesem Treffpunkte fälle man eine Senkrechte auf die Scheitellinie und verbinde diesen Treffpunkt mit dem angenommenen Punkte in der ersten Ebene; der Winkel an der Scheitellinie ist der verlangte.

79. Lehrsatz.

Die Durchschnittslinie zweier Ebenen, welche auf einer dritten senkrechten sind, ist auf derselben dritten senkrecht.

80. Lehrsatz.

Wenn man von einem Punkte der Scheitellinie eines Flächenwinkels Senkrechte auf den geneigten Ebenen errichtet, so ist der Winkel dieser Senkrechten das Supplement des Neigungswinkels.

VII. Von den parallelen Ebenen.

81. Lehrsatz.

Zwei Ebenen, welche auf einerlei Linie senkrecht stehen, sind parallel.

Denn wenn die Ebenen durch einerlei Punkt dieser Linie gingen, würden sie zusammenfallen.

82. Lehrsätze.

a) Die Durchschnittslinie paralleler Ebenen mit einer Ebene sind parallel.

b) Parallele Ebenen sind überall gleichweit von einander entfernt.

83. Lehrsätze.

Zwei Ebenen sind parallel:

a) wenn sie durch Winkel mit parallelen Schenkeln gelegt sind. —

b) wenn die eine durch 3, nicht in gerader Linie liegende

Punkte gelegt ist, welche von der andern gleich weit entfernt sind. Ferner:

c) Punkte, in jeder Anzahl, und von denen nicht 3 in gerader Linie liegen, welche gleich weit von einer Ebene entfernt sind, liegen in einerlei, der vorigen parallelen Ebene.

d) Eine gebrochene Linie, deren Theillinien einerlei Ebene parallel sind, liegt in einerlei, der vorigen parallelen Ebene.

e) Ebenen, welche nirgends zusammenstoßen, sind parallel.

84. Lehrsatz.

Eine und dieselbe Linie ist gegen parallele Ebenen gleich geneigt.

85. Lehrsätze.

a) Eine und dieselbe Ebene ist gegen parallele Ebenen gleich geneigt (gleiche Gegenwinkel, u. s. f.).

b) Zwei Ebenen, welche gegen eine 3te gleich geneigt sind, und von derselben in parallelen Linien durchschnitten werden, sind parallel.

86. Lehrsatz.

Zwei Ebenen, welche einer und derselben 3ten parallel sind, sind selbst parallel.

VIII. Von den körperlichen Ecken

a) Reciprocitäts-Gesetz zwischen Seiten und Winkeln.

87. Lehrsatz.

Man bilde zu einer Ecke durch Senkrechte aus dem Scheitelpunkte auf den geneigten Ebenen eine gleichnamige Ecke: so ergänzt jede Seite der einen dieser Ecken den Winkel der andern, auf dessen Schenkel sie konstruirt ist, zu zwei Rechten.

88. Erklärung.

Supplementar-Ecken.

b) Abhängigkeits-Gesetze der Elemente einer Ecke.

89. Lehrsatz.

Die Summe je zweier Seiten einer 3kantigen Ecke ist größer als die dritte.

90. Lehrsatz.

Die Summe aller Seiten einer jeden Ecke ist kleiner als 4 Rechte.

91. Lehrsatz.

Die Summe aller Winkel einer nkantigen Ecke, unter denen keine convexen Winkel sind, ist kleiner als 2n Rechte und größer als (2n—4) Rechte.

c) Kongruenz-Bedingungen körperlicher Dreiecke.

92. Lehrsätze.

Zwei körperliche Dreiecke sind kongruent:

1) Wenn sie in ihren Seiten übereinstimmen.

2) Wenn sie in ihren Winkeln übereinstimmen.

3) Wenn sie in 2 Seiten und dem von denselben eingeschlossenen Winkel übereinstimmen.

4) Wenn sie in einer Seite und den beiden anliegenden Winkeln übereinstimmen.

d) Weitere gegenseitige Abhängigkeit der Elemente in einer und in zwei körperlichen Dreiecken.

93. Lehrsatz.

In einem körperlichen Dreiecke liegen gleichen Seiten gleiche Winkel und gleichen Winkeln gleiche Seiten gegenüber; ferner liegt dem größern Winkel die größere Seite und der größeren Seite der größere Winkel gegenüber.

94. Lehrsatz.

Wenn 2 körperliche Dreiecke in den Seiten übereinstimmen, es sind aber die von denselben gebildeten Winkel verschieden, so liegt dem größern Winkel die größere dritte Seite gegenüber, und umgekehrt: wenn 2 körperliche Dreiecke in 2 Seiten übereinstimmen, es sind aber die dritten Seiten verschieden, so liegt der größern dieser Seiten der größere Winkel gegenüber.

95. Lehrsätze.

a) Wenn 2 körperliche Dreiecke in 2 Seiten übereinstimmen, und es sind von den diesen Seiten gegenüberliegenden Winkeln 2 homologe gleich, und die beiden andern homologe zugleich spitze oder zugleich stumpfe: so stimmen die Dreiecke auch in den 3ten Seiten überein.

b) Wenn 2 körperliche Dreiecke in 2 Winkeln übereinstimmen, und es sind von den diesen Winkeln gegenüberliegenden Seiten zwei homologe gleich und die beiden andern zugleich spitze oder zugleich stumpfe: so stimmen die Dreiecke auch in den 3ten Winkeln überein.

IX. Fundamental-Konstruktionen im Raume.

1) Von einem Punkte außerhalb einer Ebene eine Senkrechte auf dieselbe zu fällen.

2) Von einem Punkte in einer Ebene eine Senkrechte auf ihr zu errichten.

3) Von einer unbegrenzten Linie auf einer Ebene eine begrenzte abzuschneiden.

4) Längs einer Linie in einer Ebene eine auf derselben senkrechte Ebene zu legen.

5) Längs einer Linie in einer Ebene eine Ebene zu legen welche mit der erstern einen gegebenen Winkel macht.

6) Die 3 Seiten eines körperlichen Dreiecks sind gegeben, man soll einen der Flächenwinkel konstruiren.

7) Die 3 Winkel eines körperlichen Dreiecks sind gegeben, man soll eine der Seiten konstruiren.

8) Es sind von einem körperlichen Dreiecke 2 Seiten und der eingeschlossene Winkel gegeben, man soll dasselbe konstruiren.

E. Gesetze der Bildung und Bestimmung einfach begrenzter Räume.

I. Begriffs-Entwickelungen.

1) Die Pyramide — Abgekürzte Pyramide oder Pyramiden-Stumpf.

2) Der Ort aller, einen Punkt außerhalb einer Kreisebene mit der Peripherie derselben verbindenden Linie heißt eine Kegelfläche — Kegel; Kegelstumpf.

3) Konstruktion des Prisma. — Parallelepipeden.

4) Der Ort aller, die Endpunkte je zweier parallelen Halbmesser paralleler und gleicher Kreise im Raume verbindender Linien, heißt Cylinderfläche — Cylinder.

II. Pyramide und Kegel.

96. Erklärung.

Gerade, schiefe Pyramide.

97. Lehrsätze.

a) In einer geraden Pyramide sind alle Seitenkanten gleich und gegen die Grundfläche gleich geneigt.

b) Wenn die Grundfläche einer geraden Pyramide eine gleichseitige Figur ist, so sind alle Seitenflächen kongruent und gegen die Grundfläche gleich geneigt.

98. Erklärung.

Gleichseitige Pyramide.

99. Lehrsatz.

Zwei Pyramiden sind kongruent, wenn sie übereinstimmen in den Grundflächen, in einer ihrer Ecken und in der von diesen ausgehenden Seitenkanten.

100. Lehrsatz.

(Charakterisirung der Kegelfläche.) Der Durchschnitt der Kegelfläche mit einer Ebene durch den Scheitel und einer Chorde der Grundfläche ist ein Dreieck, und der mit der Grundfläche parallele Durchschnitt ist ein Kreis.

101. Erklärung.

Gerader schiefer Kegel.

102. Lehrsätze.

a) Der grade Kegel ist auch gleichseitig; alle Seiten sind gegen die Grundfläche gleich geneigt, alle Achsen-Dreiecke sind kongruent und gegen die Grundfläche gleich geneigt.

b) In einem schiefen Kegel ist nur Ein auf der Grundfläche senkrechtes Achsendreieck, dessen Schenkel die größte und kleinste Seite des Kegels bilden.

103. Lehrsatz.

Zwei Kegel sind kongruent, wenn sie in den Halbmessern der Grundflächen und in den Achsen übereinstimmen, und diese gegen die Grundflächen gleich geneigt sind.

III. Prismen und Cylinder.

104. Lehrsatz.

Wenn eine Seitenkante eines Prismas auf einer der Grundflächen senkrecht stehet, so stehen alle Seitenkanten so wie alle Seitenflächen auf beiden Grundflächen senkrecht; wenn aber eine Seitenkante schief auf einer Grundfläche steht, so stehen alle Seitenkanten auf beiden Grundflächen schief; auch können alsdann nicht zwei angrenzende Seitenflächen auf den Grundflächen senkrecht stehen.

105. Erklärung.

Gerades oder rechtwinkliges und schiefes Prisma.

106. Lehrsatz.

In einem Parallelepipedon sind je 2 gegenüberliegende Seitenflächen kongruent.

107. Lehrsatz.

Zwei Prismen sind kongruent, wenn sie übereinstimmen: in den Grundflächen, in einer ihrer Ecken und in der von dieser ausgehenden Seitenkante.

108. Lehrsatz.

(Charakterisirung der Cylinderfläche). Der Durchschnitt der Cylinderfläche mit einer Ebene durch die Achse oder der Achse parallel ist ein Parallelogramm, der mit der Grundfläche parallele Durchschnitt aber ist ein dem Grundkreise gleicher Kreis.

109. Erklärung.

Gerader, schiefer Cylinder.

110. Lehrsätze.

a) In einem geraden Cylinder sind alle durch die Achse oder derselben parallel gelegten Durchschnitte Rechtecke und diese stehen auf den Grundflächen senkrecht.

b) In einem schiefen Cylinder ist nur ein senkrechter Achsen-Durchschnitt möglich, welcher ein schiefwinkliges Parallelogramm bildet; auch ist nur Ein Achsen-Durchschnitt möglich, welcher ein Rechteck bildet; alle übrigen Achsen-Durchschnitte sind schiefwinklige Parallelogramme.

111. Lehrsatz.

Zwei Cylinder sind kongruent, wenn sie in den Halbmessern der Grundflächen und in den Achsen übereinstimmen, und diese gegen die Grundflächen gleich geneigt sind.

F. Die Kugel.

I. Eigenschaften der Form durch Verknüpfung derselben mit geraden Linien &c.

112. Lehrsatz.

Eine gerade Linie, welche 2 Punkte der Kugelfläche verbindet, liegt zwischen diesen Punkten in der Kugel, über dieselben hinaus aber außerhalb der Kugel.

113. Lehrsatz.

Keine drei Punkte der Kugel-Oberfläche liegen in gerader Linie.

114. Lehrsatz.

Eine senkrechte Ebene auf einem Halbmesser in dem Endpunkte derselben ist eine Tangential-Ebene, eine auf dem Halbmesser schiefe Ebene durchschneidet die Kugel.

115. Lehrsatz.

(Charakterisirung der Kugelfläche.) Der Durchschnitt der Kugeloberfläche mit einer Ebene ist immer ein Kreis; der Mittelpunkt derselben ist der Punkt, in welchem die Durchschnittsebene von einer aus dem Mittelpunkte der Kugel auf sie gefällten Senkrechten getroffen wird.

116. Zusatz.

Tangential-Linien an der Kugel.

117. Lehrsätze.

a) Durch 4 nicht in einerlei Ebene liegende Punkte ist die Größe und Lage einer Kugel bestimmt.

b) Ein Punkt in der Kugel, welcher von irgend 4, nicht in einerlei Ebene liegenden Punkten der Oberfläche gleich weit entfernt ist, ist der Mittelpunkt.

118: Zusatz.

Zwei Kugelkreise, die sich halbiren, sind größte Kreise.

119. Lehrsätze.

a) Ein Punkt der Kugeloberfläche, welcher von 3 Punkten derselben gleich weit entfernt ist, ist der Pol des durch sie gelegten Kreises.

b) Die Entfernung des nähern Pols von der Ebene seines Kreises ist kleiner als der Halbmesser dieses Kreises, und umgekehrt.

c) Alle Linien vom Pol eines Kreises nach der Peripherie derselben sind gleich; jede Linie aber vom Pol nach einem andern Punkte der Kugelfläche ist von jenen verschieden.

d) Wenn die Linien von den gleichnamigen Polen (nähere, entferntere) zweier Kugelkreise nach den Peripherien in einer Kugel oder in gleichen Kugeln gleich sind, so sind sowohl die Kreise als auch die Kugelsegmente gleich.

e) Wenn von einem Punkte der Kugeloberfläche gleiche gerade Linien bis zur Oberfläche gehen, so liegen diese Treffpunkte in einerlei Ebene.

120. Lehrsätze.

a) Bestimmungen über sich berührende Kugeln (analog denen über sich berührende Kreise).

b) Kugeln durch einerlei Punkt außerhalb der Centrale durchschneiden sich in einem Kreis, durch dessen Mittelpunkt und senkrecht auf seiner Ebene die Centrale gehet.

II. Konstruktionen von Formen mittelst der Kugel.

121. Erklärung.

Ein regulärer Körper ist, dessen gleichnamige Elemente (Kanten, Seiten und Winkel) gleich sind.

122. Folgerung.

Ein regulärer Körper ist von regulären und kongruenten Figuren begrenzt.

123. Lehrsatz.

Wenn man auf den Kanten einer gleichseitigen und gleichwinkligen Ecke vom Scheitel aus gleiche Stücke nimmt, so liegen die Endpunkte in einerlei Ebene.

124. Lehrsatz.

Ein regulärer Körper hat lauter kongruente Ecken.

125. Lehrsatz.

Sämmtliche Ecken zweier gleichnamigen regulären Körper stimmen in den Seiten und Winkeln überein.

126. Lehrsatz.

Ein Körper, welcher von gleichnamigen regulären Figuren, deren Winkelpunkte in der Oberfläche einer Kugel liegen, begrenzt wird, ist ein regulärer.

Nachweisung regulärer Körper durch Konstrukion mittelst der Kugel (Elem. d. Geom. B. VII, S. 27.)

127. Lehrsatz.

Außer den konstruirten regulären Körpern ist kein anderer möglich.

Verbesserungen.

Seite 1 Zeile 4 v. u. st. worden l. werden.
— — — 2 v. u. st. Fomr l. Form.
— 5 — 10 v. u. st. Diagonale l. Diagonalen.
— — — 8 v. u. st. gethelt l. getheilt.
— 15 — 6 v. o. st. CBD l. CBE.
— 20 — 7 v. o. st. ∠ADC l. ∠ACD.
— 21 — 10 v. o. st. = l. ∾.
— 22 — 7 v. o. st. LM l. lM.
— 23 — 2 v. o. st. CE : BA l. CE : CA.
— — — 5 v. o. st. BM l. BA.
— 24 — 8 v. o. st. Linie l. Linien.
— 33 — 16 v. o. st. ähnlicher l. ähnlichen.
— 34 sind in der Bezeichnung der letzten Figur die Buchstaben B und C mit einander zu vertauschen.
— 34 Zeile 2 v. u. st. BC l. BC□.
— 38 — 11 u. 12 v. u. st. und gleichnamigen Mittelpunkte l. aus gleichnamigen Winkelpunkten.
— 45 — 11 v. u. st. derselben l. denselben.
— 46 — 8 v. u. st. Rumpfes l. Stumpfes.
— 47 — 2 v. o. st. Grundfläche l. Grundflächen.
— 52 — 10 v. o. st. derselben l. desselben.
— 53 — 11 v. o. st. Bd. l. Buch.
— 59 — 15 v. o. st. Formbezeichnungen l. Formbeziehungen.
— 63 — 8 v. o. st. welcher l. welchen.
— — — 12 v. o. st. jener l. je zweier.
— — — 15 v. o. desgl. desgl.
— 64 — 1 v. o. st. Raum l. Raume.
— — — 6 v. o. st. Linien l. Linie.
— 65 — 9 v. u. st. welcher l. welchen.
— 66 — 10 v. o. st. Ebene l. Linie.
— 72 — 3 v. u. st. Linie l. Linien.
— — — 1 v. u. st. Parallelepipeden l. Parallelepipedon.
— — — 3 v. u. st. Linie l. Linien.
— 77 — 5 v. o. st. derselben l. desselben.